鄂尔多斯盆地走滑断裂理论认识与油气勘探实践应用

周义军　刘池洋　代双和　刘永涛　等著

石油工业出版社

内 容 提 要

本书应用近年来鄂尔多斯盆地南部部署的多块三维地震资料，首次对盆地内部走滑断裂的基本特征及控藏规律进行了系统总结。主要介绍走滑断裂的构造特征、运动学模型、形成期次、动力学背景及演化过程、控藏特征及相关成藏模式、近期勘探成效等方面。地震勘探与石油地质的跨学科深度融合是本书的一大特色。

本书系统性、科学性、创新性和实用性相结合，可供从事石油勘探、盆地构造分析和地球物理解释的科研人员和高等院校的师生参考使用。

图书在版编目（CIP）数据

鄂尔多斯盆地走滑断裂理论认识与油气勘探实践应用 / 周义军等著 .—北京：石油工业出版社，2023.6

ISBN 978-7-5183-6046-8

Ⅰ . ①鄂… Ⅱ . ①周… Ⅲ . ①鄂尔多斯盆地 - 走滑断层 - 地质构造 - 研究②鄂尔多斯盆地 - 油气勘探 - 研究 Ⅳ . ① P618.130.2 ② TE1

中国国家版本馆 CIP 数据核字（2023）第 102980 号

出版发行：石油工业出版社

（北京市朝阳区安定门外安华里 2 区 1 号楼 100011）

网　址：www.petropub.com

编辑部：（010）64251362

图书营销中心：（010）64523633

经　　销：全国新华书店

排　　版：三河市聚拓图文制作有限公司

印　　刷：北京中石油彩色印刷有限责任公司

2023 年 6 月第 1 版　2023 年 6 月第 1 次印刷

787 毫米 ×1092 毫米　开本：1/16　印张：10

字数：190 千字

定价：98.00 元

（如发现印装质量问题，我社图书营销中心负责调换）

《鄂尔多斯盆地走滑断裂理论认识与油气勘探实践应用》

编写人员名单

周义军　刘池洋　代双和　刘永涛

郭亚斌　戴海涛　黄　雷　王一军

毕明波　吴德明　周丽萍　韩　利

李金付　强　敏　李　维　姚仙洲

郭斌华　王秀珍　赵　雨　陈　华

邹　义　童　立　开百泽　韩均安

前言

鄂尔多斯盆是发育于稳定克拉通之上的大型多期叠合盆地，为世界上少有的煤、油、气、铀多种能源共存的超级盆地。近年来，随着“两宽一高”三维地震的大规模实施，在盆地南部发现了分布很广、规律展布的走滑断裂带，这打破了以往盆地内部“构造稳定、平起平落”的传统认识，对深化盆地基础地质及演化过程认识具有非常重要的指示作用。同时在油气勘探实践中发现，这些走滑断裂带对油气成藏及定位具有直接或间接的影响，因此，总结断裂控藏规律，创建成藏新模式，具有重要的理论意义和实际意义。

由于以往鄂尔多斯盆地内部，尤其是南部缺乏三维地震，仅用钻井及野外露头资料针对局部地区做过一些断裂及裂缝的相关研究，这些成果对断裂揭示程度有限，缺乏整体的、系统的研究及总结。因此，本书应运而生，主要将地球物理勘探与石油地质两大学科融合，以“综合识别、整体解剖、动态分析、模式建立”为研究思路，系统开展盆内断裂的属性判定及构造特征、运动学和动力学特征的综合分析，建立断裂相关的油气成藏新模式，指导油气勘探及开发工作，取得了一系列的成果认识，主要有以下几个方面。

(1) 断裂属性判定：创新研发应用了地震多种识别技术，通过对多类资料的综合分析，明确了盆内断裂多具有走滑性质。

(2) 断裂构造特征：四大特性，即尺度的隐蔽性、垂向的分层性、横向的分段性和平面的分区性。

(3) 运动学特征：证实盆内走滑断裂相关断块发生了旋转运动，其中山城—洪德块体中生代以来发生了25°～33°的逆时针方向旋转，据此提出了盆内走滑断裂的分层旋转运动学模型，合理解释了盆内断裂及与之相关菱形块体的成因。

(4) 形成期次及动力学背景：将盆内断裂划分为加里东期、印支期和燕山期三大断裂系统。加里东期断裂受控于纯剪应力场，与盆地西南缘特提斯构造域自西向东的挤压作用有关；印支期断裂受控于左旋剪切应力场，与盆地南缘、北缘的近南北向斜向挤压作用有关；燕山期断裂受控于左旋剪切应力场，与盆地东缘、西缘的近东西向斜向挤压作用有关。

(5) 控藏特点及成藏模式：明确盆内断裂对油气赋存—成藏具有“垂向阻隔、纵向疏导、控储控产、控圈控富”四个方面的效应。针对不同层系断裂发育和油气赋存条件等特征，分别构建了中—新元古界长城系的“断通源＋断控圈”二元控藏模式、下古生界奥陶系的“相控储、断通源、高点富集”三元控藏模式、上古生界二叠系的“断裂＋甜点”二元控藏模式、中生界断裂相关的“多层系立体成藏”模式。

（6）应用成效：建立的断裂相关成藏新模式在各个领域的勘探开发过程中取得了良好的效果，助推了中—新元古界、下古生界盐下风险目标和预探井的上钻，提高了上古生界天然气和中生界石油的勘探成功率。其中，成藏新模式在中生界长 3 以上浅层领域发挥了巨大的作用，钻井成功率较以往提升 11 个百分点，高产井比率较以往提升 14 个百分点。

克拉通内（板内）走滑断裂已经成为目前研究的热点。这些成果一方面能够方便读者了解走滑断裂研究的最新成果，丰富基础地质学理论；另一方面对于深化鄂尔多斯盆地油气地质认识，伴生新一轮的油气增长点具有重要意义。

本书共分八章，第一章对鄂尔多斯盆地走滑断裂的研究现状、存在问题、研究思路与方法、此次研究的工作量进行了介绍；第二章为盆地形成的大地构造背景、各个构造单元、基底构造及充填地层格架特征的简单论述；第三章介绍了盆内断裂性质的判定方法及主要结论；第四章对盆地内部走滑断裂的基本特征进行了详细总结；第五章对走滑断裂旋转运动模式建立的证据、块体旋转运动的方式进行了论述和解析；第六章对走滑断裂形成的期次进行了划分，并论述了期次划分的主要依据，同时对不同期次走滑断裂形成的动力学背景、区域应力场进行了总结分析；第七章先对走滑断裂直接或间接控藏作用的四个作用进行了论述分析，同时针对四个不同的勘探层系，建立了相应的成藏模式，最后论述了成藏模式在油气勘探实践中的应用效果；第八章总结了研究成果，并对未来的研究工作进行了展望。

在本书出版之际，感谢长庆油田勘探部姚宗惠、牛小兵、王学刚、张亚东、姚志纯，长庆油田研究院李斐、王永刚等各位领导的指导和帮助；感谢东方地球物理公司康南昌、徐礼贵、李明杰、冯许魁、常德双、朱亚东等各位领导的关怀和支持；感谢西北大学地质学系赵红格、赵俊峰、陈刚、王建强等各位教授在本书成文过程中的鼓励和指点。本书的出版正值东方地球物理公司研究院长庆分院建院二十周年庆祝活动，谨以本书献礼！

由于时间紧迫且作者水平有限，书中不妥之处在所难免，恳请读者批评指正。

周义军

2023 年 2 月

目录

第一章 绪论

本章对鄂尔多斯盆地走滑断裂的研究现状、存在问题及通过研究可能解决的油气地质问题进行了调研和分析，同时对本书动用的基础研究资料、研究思路和方法、涉及的关键研究内容进行了论述，最后简要介绍了走滑断裂相关的主要地质认识和创新点。

第一节　研究背景及意义

鄂尔多斯盆地是叠加在古生代华北克拉通之上的中生代内陆湖盆，中—晚三叠世至早白垩世为盆地发育时限，晚白垩世以来盆地进入后期改造阶段（刘池洋等，2006）。现今盆地由周缘地质情况相对复杂的构造单元（伊盟隆起、渭北隆起及西缘冲断带）及盆地内部（本部）两部分构成，其中，盆地内部主要包括天环坳陷和伊陕斜坡两大构造单元，是目前盆地的主要含油气区域，也是本研究的主要研究范围。

2016 年以前，盆地内部油气勘探相关地震资料以二维为主。由于二维地震本身对断裂、构造的识别能力有限，加之盆地地表绝大部分被黄土、沙漠覆盖，地震分辨率低，精细勘探面临巨大的挑战。虽然盆地内部总体的钻井数量较多，但由于缺乏高精度的三维地震资料，一定程度上影响了对井与井之间的地层、岩性、构造、古地貌、断裂、含油气层等方面的变化的认识，制约了盆地油气勘探的效益和进程。2016 年以来，随着盆地内部高精度三维地震的逐步实施，对盆地内部基础地质认识、油气勘探的思路和方式产生了深远的影响。尤其重要的是，不同区域内的多块三维地震均揭示盆地内部发育呈规律展布的微小断裂带，这一发现打破了“盆地内部构造稳定、断裂不发育”的传统认识，深入研究对深化盆地基础地质认识和优化油气勘探思路具有重要的科学和现实意义。

盆地内部大量断裂的发现，证实所谓的盆地主体部位不像以往认为的那么“稳定”，它以主动或被动的某种方式在“活动”，与前人从不同角度得到的一些观点相呼应。Qiu Xinwei 等人（2014）认为盆地南部中生代湖盆内发育的多套凝灰岩夹层与当时盆地周缘的活动构造背景有关；张文正等（2010）、李荣西等（2012）、覃小丽等（2017）、贺聪等（2017）认为盆内古生界含气储层及中生界长 7 泥页岩曾经历过来自深部的热液浇灌作用；钟福平等（2011）、马瑶等（2018）在盆地周缘的汝箕沟及铜川地区发现了钙质结核及深部热液作用形成的陆相碳酸盐岩沉积；李元昊等（2007）、杜芳鹏等（2014）在延长期湖盆内发现大量的震积岩或泥岩前积沉积。这些成果从一定程度上揭示了盆地内部构造活动的表现方式。如果通过盆内断裂的深入研究，结合以上相关成果，有望对盆内构造活动的发育时限、活动强度、成因机制、作用方式及影响范围有一个更为全面、更为深刻的揭示，从而带动盆地基础地质认识取得新进展。

近年来，也有一些学者开始关注盆缘与盆内之间在构造特征及发育机制上的差异和联系，取得了一系列的研究成果。刘少峰等（1997）、杨明慧等（2007）、李相博等（2012）注意到了晚三叠世盆地西缘南段和北段在盆缘结构上存在差异；张进等（2004）认为西缘中段古生界存在一个侧断坡，是造成西缘南北两段中生界构造变形差异的主要原因，但也将深层次的原因归结为横向构造转换带的存在；赵红格等（2009）对横向（38°N）构造转换带进行了较为具体、完整的研究，并据此将西缘划分为南段、中段和北段 3 大段。有关新生代青藏高原隆升对盆内构造的影响，Li 等（2013）依据断裂的切割关系，得出了贺兰山地区的构造变形要早于六盘山地区的观点；Guo 等（2016）依据 NE—SW 向深大地震剖面，分析了从西秦岭地区至鄂尔多斯盆地内部的地质结构，并给出了新生代相应的地质演化模型；赵晓辰等（2016）通过对西缘中部裂变径迹数据的测试，认为香山地区受 8 Ma 以来青藏高原隆升作用的影响，盆地西缘北段要明显弱于西缘南段区域。盆内断裂的发现及深入研究，有望通过盆缘与盆内构造的过渡关系、运动方式的差异与联系、演化过程的统一与分异等方面研究对整个华北克拉通的形成与演化有一个更加全面、系统的认识，从而从更宏观、更深入的角度来看待鄂尔多斯盆地的构造相关问题。

以往认为鄂尔多斯盆地内部油气田大面积叠合发育，油气藏呈“准连续”分布（赵靖舟等，2012）。近年来的勘探实践表明，盆内油气分布与断裂密切相关，邸领军等（2006）认为盆内侏罗系油藏受 NW、NE 向的断裂体系控制；杨亚娟等（2012）、邹雯等（2016）在盆地南部的产油区或北部的产气区都发现了一些与断裂活动相关的深部侵入岩体，造成含油层内“产气”或含气层内高产；

潘杰等（2017）通过综合分析，明确了在盆地南部镇泾地区延长组长8段致密储层背景下，高产井大多沿NW向走滑断裂带分布，表明断裂对油气局部富集具有控制作用。因此，深入研究盆内断裂体系与油气成藏之间的联系，对于优化盆地油气勘探思路、促进高效勘探、精准勘探目标具有非常重要的现实意义。

鄂尔多斯盆地内部断裂的相关问题是一个全新的课题，研究意义重大。本研究主要依据盆地近年来部署的大面积、高精度三维地震资料，对盆地内部断裂的性质、构造特征、运动学模式、成因演化及对油气的具体作用进行系统研究。在此基础之上，针对不同油气勘探领域分别建立相应的成藏新模式，指导勘探开发工作，从科学和实践的角度丰富并完善“断裂控油气”理论。

第二节　研究现状及存在问题

一　盆内断裂研究现状

鄂尔多斯盆地内部的断裂研究以2016年为时间节点，前、后分为两个阶段。2016年之前，由于盆地以二维地震勘探为主，盆内断裂的认识尚处于探索和质疑阶段。2016年以来，大面积三维地震揭示盆地内部确实发育规律展布的断裂系统，这引起了科技工作者的普遍关注，盆内断裂很快进入实质性的深入研究阶段。

（一）2016年之前盆内断裂的探索和质疑阶段

随着勘探开发的逐步深入，人们认识到盆地内部裂缝和断层较为发育，且对油气成藏具有一定的影响。刘震等（2013）利用二维地震资料，在镇泾地区发现了中生界发育撕裂断层，认为该类断层的形成是受基底断裂活动影响，在燕山期左行扭动应力场作用下形成的断裂体系；张莉（2003）以延长川口油田及长庆安塞油田的裂缝资料为研究基础，认为盆地内E—W向区域裂缝最为发育，主要形成于燕山期，其次为NE向裂缝，主要形成于喜马拉雅期；姚宗惠等（2003）通过二维地震解释认为，盆地北部断裂普遍发育，这些断裂是燕山中晚期盆地由克拉通转化为前陆盆地的伴生产物；赵文智等（2003）认为中生代以来，盆地内部基底断裂隐性活动，分别控制了早侏罗世的古水系及油气运移的方向；李士祥等（2010）的研究认为盆地主要发育E—W、NNE和NE向三组区域性裂缝；成良丙等（2012）在姬塬油田发现了21条NNW向正断层，该项成果也被现今的三维解释成果所证实；李潍莲等（2012）利用三维地震资料在塔巴庙地区上古生界解释出NE向的断裂系统；李明等（2010）利用航磁资料重新解释盆地基底断裂，认为多以NE、NW、E—W向为主，而且这些基底断裂与油气分布有一定的叠置关系；董敏等（2019）通过物理模拟实验表明，基底断裂的重新活动是沉积盖层内产生断裂体系的主要原因；邸领军（2006）提出了储集层物性断裂的概念，对油气勘探开发具有非常重要的现实意义；陈世海等（2018）在胡尖山油田长7油层水平井开发过程中，发现了基底断裂及伴生裂缝导致油层与上覆含水地层沟通，导致油井产水或高含水；马润勇等（2009）将盆地基底断裂划分为四组方向，认为目前盆地内众多的小地震、微地震活动等都是基底断裂现代活动的直接证据；潘爱芳等（2005）利用地表土壤和水系沉积物样品分析表明，深层化学元素已经迁移至近地表，同时，基底断裂为深部热流体运移至浅层提供了良好的运移通道，有利于多种能源矿产富集。

（二）2016年以来盆内断裂的深入研究阶段

2016年以来，中石油、中石化分别在鄂尔多斯盆地内部部署了多块三维地震，揭示了盆地内部发育大量断裂的地质事实。刘永涛等（2018，2020）从中生界断裂最为典型的古峰庄地区出发，认为该区断裂具有走滑性质；冯保周等（2022）将盆内伊陕斜坡北部的断裂划分为海西期、燕山期和喜马拉雅期，认为断裂活动可改善储层物性、提供运移通道、形成构造圈闭，为该区天然气的形成提供有利地质条件；张园园等（2020）将盆地西南部镇泾地区的断裂划归印支期、燕山期和喜马拉雅期，认为每一期次断裂在油气成藏中扮演着不同的角色；何发岐等（2020）针对围绕断裂带富集高产的储集特征，提出了“断缝体”成藏的概念；冯艳伟等（2021）应用流体包裹体测试等方法，证实盆地深层马家沟组断裂对天然气向北东方向运移具有控制作用；苏中堂等（2022）认为早古生代的同沉积断裂对于碳酸盐岩相带的分异具有一定的作用；郑定业等（2020）通过物理实验模拟，明确盆地东缘临兴地区的断裂发育是影响气水关系的主要因素。郝伟俊等（2017）认为在盆地东部古地貌和断裂活动共同控制了白云岩优质储层的分布；孙萌思（2018）认为延长期富烃坳陷内发育的同沉积断层具有分区分带的特点；徐兴雨等（2020）认为盆地沉积盖层内断裂十分发育，多继承了基底断裂的活动强度和走向；魏国齐等（2019）认为盆地寒武系发育的NNE、近E—W、NW向三组断裂，对礁滩相的分布具有控制作用；邵晓洲等（2022）通过方解石U-Pb同位素测年，测得同构造方解石脉的年龄分别为177.8Ma±4.8Ma、12.79Ma±0.67Ma，将断裂形成的时间限定在早侏罗世及中新世。杨桂林等（2022）通过对裂缝内结晶矿物的C—O同位素的温度测定，结合裂缝所在地层的埋藏史分析，确定镇泾地区主要发育印支期、燕山期和喜马拉雅期三期“断缝体”。

以上有关鄂尔多斯盆内断裂针对局部地区发现及讨论较多，并没有揭示盆内断裂发育的宏观规律及内在控制因素，而且对于断裂的成因、演化过程认识还非常薄弱，这从一定程度上制约了对盆内油气成藏规律的深刻认识，限制了油气勘探及开发的进程。

二 克拉通内走滑断裂研究现状

与传统意义的正断层和逆断层相比，走滑断裂在全球构造范围内发育的概率更为普遍。从广义的角度来讲，走滑断裂包括发育在板块不同部位或具有不同地质含义的撕裂断层、转换断层、变换断层、横推断层等各种类型（肖坤泽等，2020）。大部分学者通过大量物理模拟实验和野外调查研究，认为沉积盖层内走滑断裂的形成一般与基底深大断裂的走滑运动有关（P. Richard，1991；Ken McClay，2005；Kamil Ustaszewski，2005），并通过对基底断裂的作用方式、活动期次、运动方向的模拟，构建了多种构造环境下的三维或四维地质模型，为沉积盖层内走滑断裂的成因解释提供了新思路。在对板块边界大型走滑断裂研究方面，以圣安德烈亚斯断层、郯—庐走滑断裂、南部死海断裂系统研究进展较大（Hill & Dibblee，1953；张岳桥等，2008；Jonathan Wu，2009）。在对盆地走滑断裂研究方面，以西伯利亚盆地和泰国 Phitsanulok 盆地内部的走滑断裂系统研究进展较为明显（G.N. Gogonenkov，2010；C.K. Morley，2007）。

近年来，随着三维地震的大面积实施，在中国中西部多个具有克拉通背景的叠合盆地内，如塔里木、鄂尔多斯、四川、准噶尔等盆地内均发现具有走滑性质的断裂系统，揭示了走滑断裂在克拉通内发育的普遍性。克拉通内走滑断裂是指发育在远离克拉通边缘地带的内部，规模和尺度均较小的断裂系统。该种类型断裂滑移距通常在数百米至数千米左右，一般认为是由盆地内部先存薄弱构造（例如破裂或断层）在板内应力集中下再活动形成（Mann，2007；Deng et al.，2019；贾承造等，2021），断裂变形带狭窄（<3km），断面直立（>70°）、垂向断距小（<150m）且活动弱，具有“位移小、延伸长、方向多样”等特点，在剖面上呈花状构造，在平面上具有分段性，常见雁列式及马尾构造，在空间上具有海豚效应和丝带效应。这种小滑移距走滑断裂（Harding，1974）利用二维地震或钻井资料很难有效识别，隐蔽性极强，以往尚未引起普遍关注（Gogonenkov and Timurziev，2010）。Cunningham（2007）和 Mann（2007）对克拉通内走滑断裂的构造特征进行了较为系统的总结（图 1-1）。该类断裂在剖面上一般呈花状、单一或复杂的线性样式，可形成小型拉分盆地或

挤压褶皱山系。平面上的走滑断裂带可包括挤压或伸展马尾构造、菱形拉分盆地、压性或张性走滑双重构造、菱形挤压带或压脊带、张扭转换斜坡或张扭裂谷、雁列式褶皱带，沿走滑方向具有分段性，扩张、收缩阶区往往相伴而生。

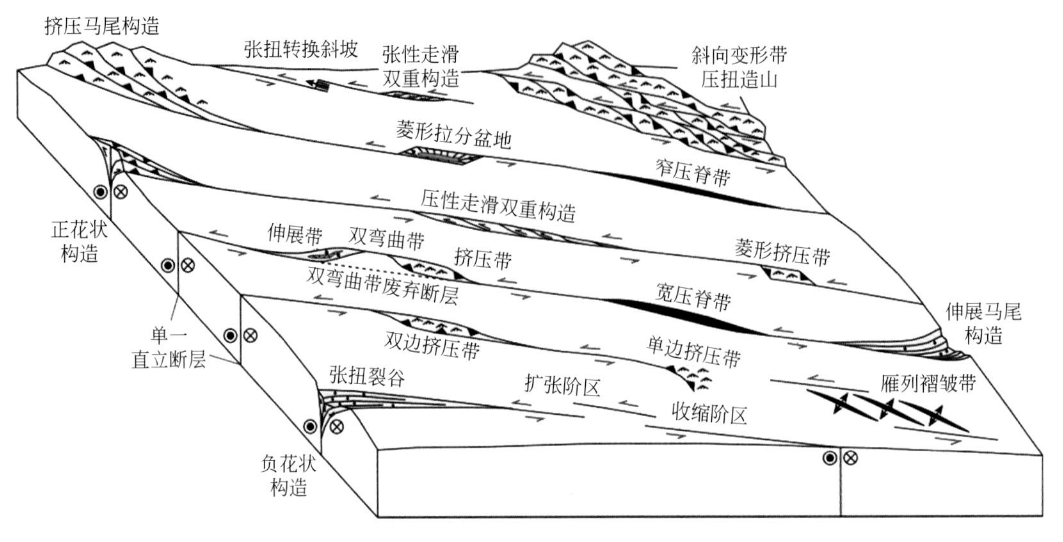

图 1-1　克拉通内走滑断裂综合立体构造模型图（据 Mann，2007，有修改）

近年来，最为引人注目的是，在塔里木盆地内部的顺北、富满地区，围绕克拉通内走滑断裂带进行油气勘探取得了重大突破，证实其有“控储、控藏、控产”的重要作用（林波等，2021；司文朋等，2019；王清华等，2021）。这些走滑断裂带在盆内延伸距离可达 300km，在寒武系、奥陶系及志留系内继承性发育，但与盆地上部控制构造单元的断裂近垂直交叉，属横向挤压调节性质的走滑断层（邓尚，2018，2019；黄少英，2021；杨海军；2020）。四川盆地内部的走滑断裂呈 NWW、近 E—W 向展布，在震旦系—二叠系内发育，对岩溶地貌具有明显控制作用，缝洞体沿走滑走向往往呈羽状、线状或条带状分布（管树巍，2022），形成“三元控藏、复式聚集”的断控油气成藏系统（焦方正，2021）。鄂尔多斯盆地西部中生界走滑断裂最为明显，尤以古峰庄、镇泾地区最为典型，在平面上断裂呈 NW、NE、近 E—W 向展布，剖面可见花状、“Y”字形构造样式，对延长组致密油气的分布具有一定的控制作用。准噶尔盆地莫索湾凸起周缘地区发育大量走滑断裂，纵向上可分为二叠系、三叠系、侏罗系三层，平面上呈 N—S、E—W 向展布，构造样式可见直立线状、“Y”字形及花状构造，具有左行和右行两种运动方式（田安琦等，2022）。郑和荣等（2022）通过对中国海相克拉通内部走滑断裂的系统对比，认为走滑断裂形成的力源来自盆缘，可形成走滑断控油气藏的新类型。冯志强等（2022）通过对中国大陆典型走滑断裂的解剖，认为岩石圈顶部的刚性层和韧性层的强度、流变性及耦合关系是造成走滑断裂纵向分层的根本原因。

从以上文献调研结果来看，克拉通内走滑断裂的相关研究已成为近期石油地质领域的热点，因为它对于油气赋存规律的深刻揭示具有重要作用，可能会产生油气勘探的新发现。但由于盆地内部走滑断裂的刻画必须依赖于高精度的三维地震资料，就现阶段而言，立足盆内走滑断裂的地震解析无论从方法上还是思路上都不够成熟，这是制约走滑断裂研究深入程度最为关键的环节之一。同时，对于盆地内沉积盖层内的走滑断裂与基底深大断裂之间是否存在耦合关系还存在争议；对于克拉通内走滑断裂的成因、发育模式及控藏机理还缺乏系统总结，对比不同板块内、不同克拉通盆地内走滑断裂在结构构造、发育机理、演化过程及控藏作用等方面的共性和个性还尚未展开。这些问题的解答对于建立克拉通内走滑断裂的相关地质理论及在油气勘探开发中的实践应用具有重要作用。

三 目前存在的问题

结合目前国内外研究现状，针对近年来在鄂尔多斯盆地内部发现的走滑断裂系统，本研究认为还存在如下几个方面的问题：（1）对盆内走滑断裂的构造特征尚未开展系统研究，以往的研究往往关注局部地区的断裂特征，缺乏区域上的系统总结；（2）对盆内走滑断裂的运动学方式尚未进行过深入分析，目前只是停留在左行或右行走滑运动的描述阶段，缺乏对走滑运动的具体过程进行研究；（3）目前已有研究注意到断裂的分层性，但对分层特征的系统划分、深层次的地质原因还缺乏研究；（4）对走滑断裂形成的区域动力学背景还缺乏较为深入的分析；（5）目前大部分学者已经意识到走滑断裂和油气存在紧密的联系，也注意到了鄂尔多斯与塔里木盆地走滑断裂对油气的作用存在差异，盆内断裂不具有典型的控藏特征，但对于走滑断裂在成藏过程中具体起到何种作用缺乏系统解剖。本书针对以上几个方面问题，对鄂尔多斯盆内走滑断裂展开系统研究，力争填补以往成果的空白，完善以往研究中的不足。

第三节 研究内容、思路与方法

一 研究内容

本书围绕盆地内部断裂系统，从以下几个方面开展工作：

（一）断裂识别及性质判定

基于“两宽一高”三维地震，充分挖掘地震信息，将不同方位、不同频带、不同属性的地震信息相结合，综合识别断裂的展布特征及规律，总结形成鄂尔多斯盆地内部的地震识别配套技术。通过对盆地内部断裂的精细识别和系统刻画，进一步判定盆地内部断裂的性质。

（二）盆内断裂的基本构造特征

在对多块三维、多个层系断裂系统刻画的基础之上，从区域上分析断裂的宏观展布规律和特征，总结断裂的主要构造样式。通过对克拉通内走滑断裂的类比，明确盆内断裂的分层、分段、分区、分期等构造特征。

（三）盆内断裂的运动学特征分析

在前人研究的基础上，分析走滑运动相关块体旋转的构造特征，明确盆内走滑旋扭变形的证据，计算走滑断裂相关块体的旋转角度，建立盆内走滑断裂的运动学模式，解释走滑断裂的成因。

（四）盆内断裂的分期演化阶段

通过对断裂分层特征、不整合面结构分析，结合岩浆活动的年龄约束，划分盆地断裂的形成期次，恢复盆内断裂的分期演化过程。结合区域构造背景，分析各个期次断裂的区域应力场，明确断裂形成的区域动力学背景。

（五）走滑断裂系统在油气成藏中的作用

开展地震地质综合研究，分析盆内断裂对油气成藏的具体作用，分勘探层系建立走滑断裂相关的油气成藏新模式，指导勘探及开发工作。

研究思路

本研究主要依托盆地内部的多块三维地震资料，同时运用区域地质资料、钻井及岩心资料、野外地质露头资料，以“综合识别、整体解剖、动态分析、模式建立”为总体研究思路，从断裂识别、基本构造特征、运动学特征、演化及动力学背景几个方面开展研究。首先，建立盆内断裂地震识别技术，判定盆内断裂的性质。然后开展分尺度、分层、分段、分区特征分析，总结盆内走滑断裂的基本特征。在以往研究成果详细分析的基础上，给出了盆内走滑断裂相关块体发生旋转的证据，通过对山城—洪德块体边界断裂的刻画、块体内部构造特征的分析、运动量的测量及旋转角度的计算，建立了盆内走滑断裂相关块体的旋转运动学模式。在断裂期次划分的基础上，建立盆内断裂分期演化阶段，分析各个期次的区域应力场和动力学背景。最后，在明确了盆内走滑断裂的几何学、运动学、动力学特征的基础之上，分勘探层系建立走滑断裂相关的油气成藏新模式，指导勘探开发工作。本书研究思路见图 1-2。

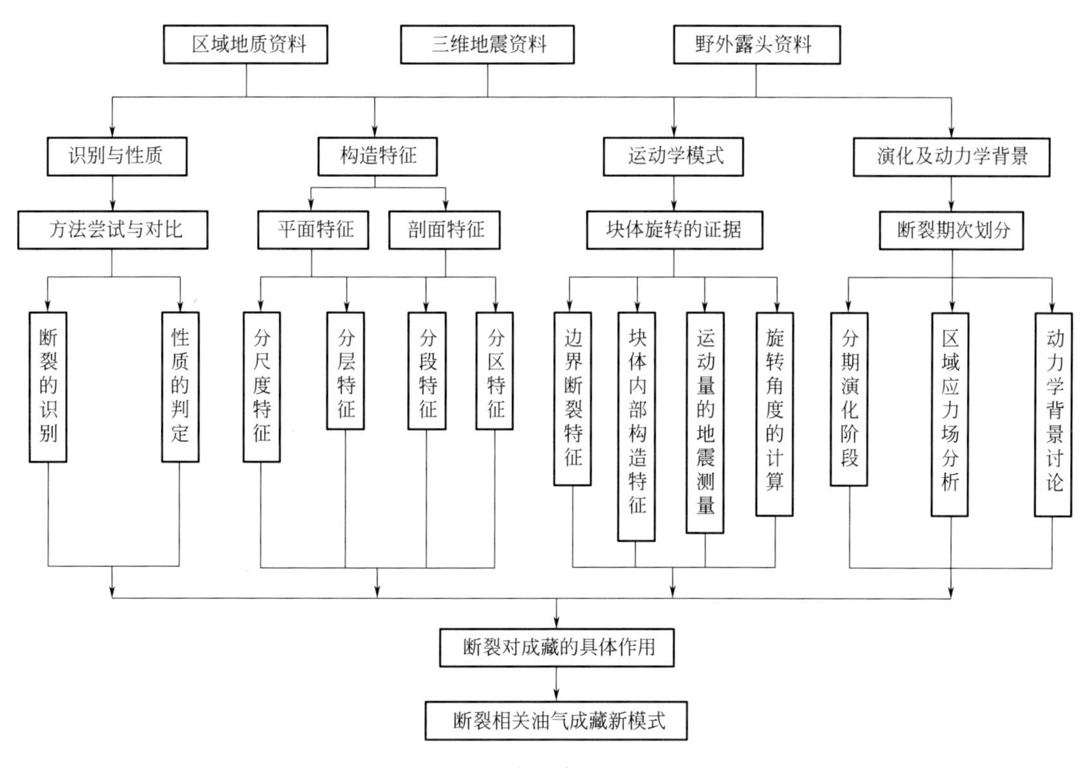

图 1-2 本书研究技术路线图

三 研究方法

（1）三维地震断裂识别及构造解析方法：通过相干、曲率、方差等地震属性的对比，优选或有序组合单一的识别技术方法，识别盆内隐蔽性走滑断裂。同时，通过对盆内块体边界断裂的构造解析，包括水平滑移距、纵向偏移距、旋转角度等参数的测量或计算，定量预测走滑的断裂运动方式。

（2）克拉通内走滑断裂的类比研究方法：系统总结盆内走滑断裂的分级、分层、分期、分段、分区特征，综合分析走滑断裂的几何学、运动学及动力学特征。

（3）断裂期次划分方法：本研究采用切穿层位法、交切关系法、不整合面约束法及岩浆活动定年法对走滑断裂的形成或活动时间进行综合判断，各个方面的证据相互补充，彼此印证。

（4）块体旋转运动的研究方法：在古地磁、沉积中心迁移等方面证据分析的基础上，应用三维地震解释成果，首次应用棋盘式构造、断裂纵向交叉、弧形断裂带、斜卧花状构造等方面的证据，综合论证盆地内部走滑断裂相关块体发生的旋扭构造变形。

第四节　研究成果简介

完成的工作量

（1）查阅相关国内外文献 376 篇（包括收集、消化内部物探成果报告 18 本）；收集 680 口井的测井曲线、分层信息、坐标数据（表 1-1）。

表 1-1　本研究完成的工作量统计表

序号	完成项目	工作量	备注
1	相关研究报告及文献查阅	376 篇	包括公开发表的期刊文献、专著及油田内部资料
2	收集钻井资料	680 口	主要分布在盆地西部、南部和北部，东部较少
3	岩心照片	150 余张	包括中—新元古界、古生界、中生界典型井的岩心照片
4	野外剖面观测	2 条	盆地东部的河津地区
5	涉及三维地震面积	$11820km^2$	主要在盆地西部和北部
6	共解释地震层位千米数	94560km	T_{pt2ch}、T_O、T_{C2}、T_P、T_{T7}、T_J、T_{J9}、T_K 地震层位
7	典型地震解释剖面	62 幅	分布在盆地内部的各个构造单元内
8	油气成藏模式图	5 幅	包括中—新元古界、下古生界、上古生界、中生界成藏模式图、钻探新模式图

（2）观察岩心照片 150 余张，考察野外露头地质剖面 2 条。

（3）共涉及盆地内部的 17 块三维区（位置见图 1-3），共解释三维地震面积约 $11820km^2$，解释地震层位千米数约 94560km。解释的地震层位自下而上

分别为 T_{pt2ch}、T_O、T_{C2}、T_P、T_{T7}、T_J、T_{J9}、T_K 共 8 个地震反射层，分别对应的沉积地层界面为中—新元古界底界、奥陶系底界、石炭系底界、二叠系底界、三叠系延长组长 7 段底界（或顶界）、侏罗系底界、侏罗系延安组延 9 段底界、白垩系底界。

二 主要认识与创新点

（一）主要认识

（1）在盆内断裂精细识别的基础上，建立了三维地震识别技术，认为盆地内部发育挤压作用下具有横向调节性质的走滑断裂带；

（2）通过对盆地内部多块三维地震断裂的立体刻画，明确了盆地内部断裂具有典型的分级、分层、分期、分段及分区特征；

（3）通过对多种资料的综合分析，明确盆地内部中生界发育多个大小不一、形状相对规则的菱形块体，中生代以来这些块体发生了一定程度的旋扭构造变形；

（4）在盆内断裂分层特征的基础上，综合其他方面的证据，将断裂划归加里东期、印支期和燕山期，各个期次断裂的形成受控于不同的盆缘区域应力场；

（5）盆内断裂和油气成藏关系密切，具体表现为断裂的不同构造层之间的垂向阻隔作用、同一构造层内的纵向疏导作用、控储、控产作用及控圈、控富作用，在此基础之上分勘探层系建立了断裂相关的油气成藏新模式。

（二）主要创新点

（1）通过对多块三维地震切片自下而上的系统解剖，发现不同构造层内的断裂在展布方向、性质、结构构造等方面存在明显的差异，纵向上不具有继承性。结合区域构造背景及运动学特点的综合分析，首次明确了盆地内部发育走滑断裂系统，在垂向上具有典型的分层特征。纵向上石炭系—中下三叠统内不发育断裂，大致以此构造层为界，向下、向上分别发育展布方向、构造样式、性质各异的三套（走滑）断裂系统。

（2）首次利用三维地震定量解析的方法，明确了盆地内部中生界层段内发育走滑断裂相关的多个断块体，证实了中生代以来块体发生旋扭构造变形，计算得到山城—洪德块体发生了 25°～33°的逆时针方向旋转，建立了走滑断裂相关的块体旋转运动学模式，合理解释了盆地内部走滑断裂的成因。

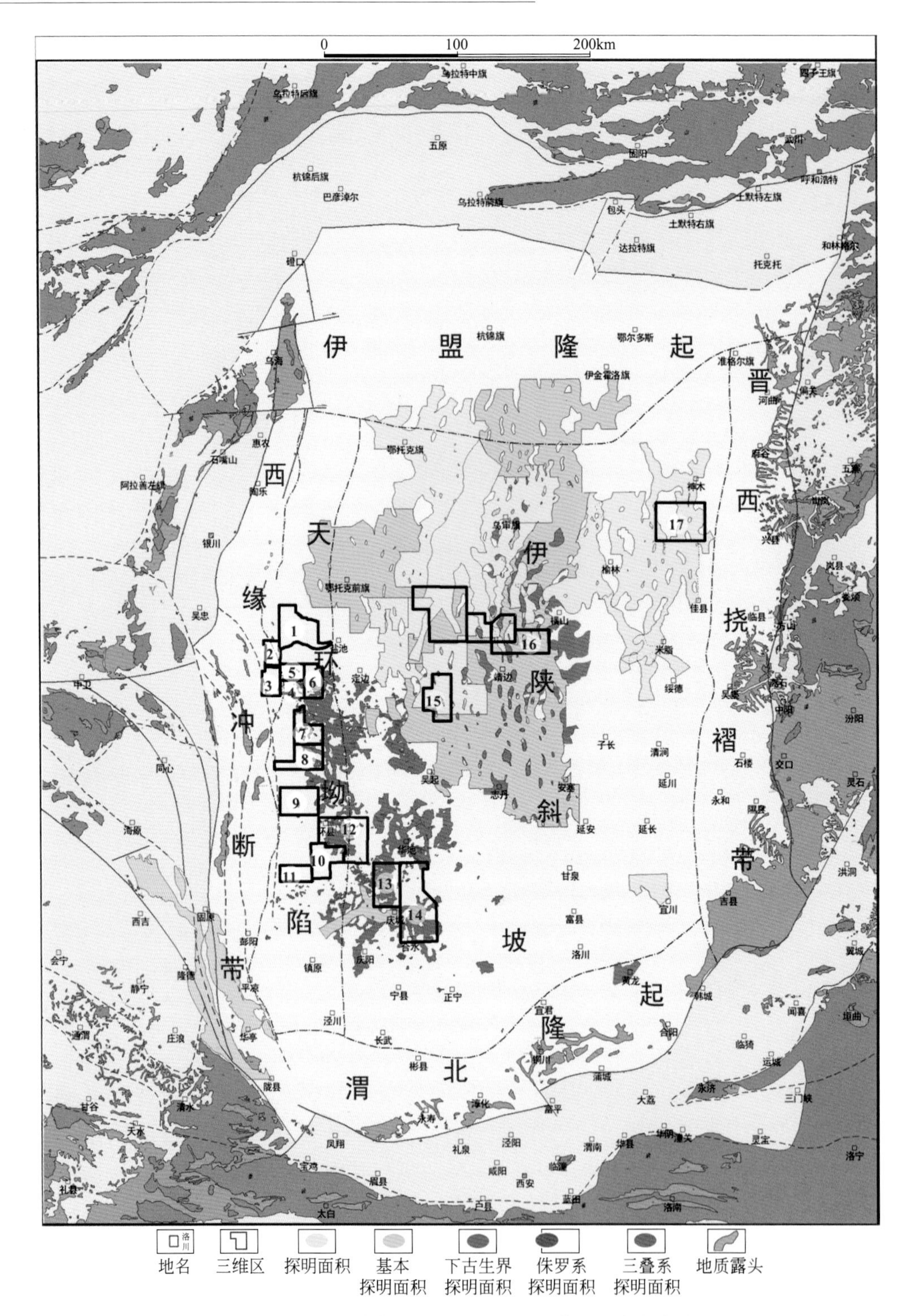

图 1-3　鄂尔多斯盆地三维区块位置图（底图引自长庆油田）

①—ELZZ 三维；②—EMJT 三维；③—EYJL 三维；④—EGFZ Ⅰ期三维；⑤—EGFZ Ⅱ期三维；⑥—EGFZ Ⅲ期三维；⑦—EMHS 三维；⑧—ESC 三维；⑨—EHD 三维；⑩—EHQ 三维；⑪—EYWB 三维；⑫—EHX 三维；⑬—EQCB 三维；⑭—EHS 三维；⑮—ESDN 连片三维；⑯—ES45 三维；⑰—EGJP 三维；⑧与⑨之间的三维信息尚未采集，无三维地震数据

第二章 区域地质概况

广义的鄂尔多斯盆地包括周邻的小型中—新生代断陷盆地，总面积约为$36\times10^4km^2$，又称鄂尔多斯地块。狭义的鄂尔多斯盆地为周邻小型断陷盆地所围限的区域，横跨陕、甘、宁、内蒙、晋五省区，呈近矩形轮廓，面积约为$25\times10^4km^2$。本研究中所指的鄂尔多斯盆地取狭义上的概念。总体来讲，鄂尔多斯盆地是一个具有坚硬结晶基底的克拉通内叠合盆地，盆地基底为太古宇及古元古界变质岩系，沉积盖层为长城系、蓟县系、震旦系、寒武系、奥陶系、石炭系、二叠系、三叠系、侏罗系、白垩系、古近—新近系、第四系，总厚度超过一万米。

盆地内石油、天然气、煤及铀矿等多种能源矿产共存富集，是我国近中期不可替代的重要能源生产基地（刘池洋，2005）。其中煤炭资源位列全国诸含煤盆地之首（张泓等，1995），油气当量位居全国诸含油气盆地前列。盆地主要的烃源岩为元古界泥页岩、上古生界煤系地层、中生界延长组长7泥页岩，主要油气产层为古生界、三叠系、侏罗系。盆地总体具有“南油北气、上油下气”的特点，近年来，古生界天然气在盆地南部陇东地区取得突破，发现了庆阳气田，推测可能具有“满盆气、半盆油”的特点。总之，盆地具有面积大、分布广、层系多、复合连片的油气成藏特点。

第一节 大地构造背景与单元划分

一 大地构造背景

鄂尔多斯盆地地处我国北方中西部，地理位置特殊，周围被不同时期的山系所围限。盆地南部为秦—祁造山带，北部为天山—兴蒙造山带，东部为吕梁山、太行山系，西部为贺兰山—六盘山山系（图 2-1）。其中，秦—祁造山带中晚三叠世以来自东向西呈剪刀式闭合，特提斯洋消亡进而闭合造山，形成我国最为宏伟的分隔北方和南方的构造及气候分水岭；盆地北部为天山—兴蒙褶皱构造体系，其间的古亚洲洋在石炭纪—中二叠世（C—P_2）关闭。中生代、新生代以来，在原来古亚洲构造体系的基础上，又叠加了西伯利亚构造域由北向南的构造推挤作用。盆地东部受太平洋构造域影响作用非常明显，吕梁山最早在晚侏罗世开始才有小规模隆升（赵俊峰等，2009），在此之前盆地东部没有形成统一的盆—山边界。盆地西部邻近华北板块边界，地质构造非常复杂。赵红格等（2007）综合研究认为，晚三叠世—中侏罗世贺兰山并未隆升，贺兰山隆升的最早时间在晚侏罗世，此时隆升规模较为局限，直到始新世才开始发生大规模隆升。而六盘山抬升较晚，大致发生在新近纪中新世晚期（刘池洋等，2005；刘池洋等，2006）。由此可见，盆地周缘被不同时期、不同性质和不同作用过程的山系所环绕，造成了盆地本身构造作用的叠加、复合作用，使油气成藏特征多样，增加了研究的难度。

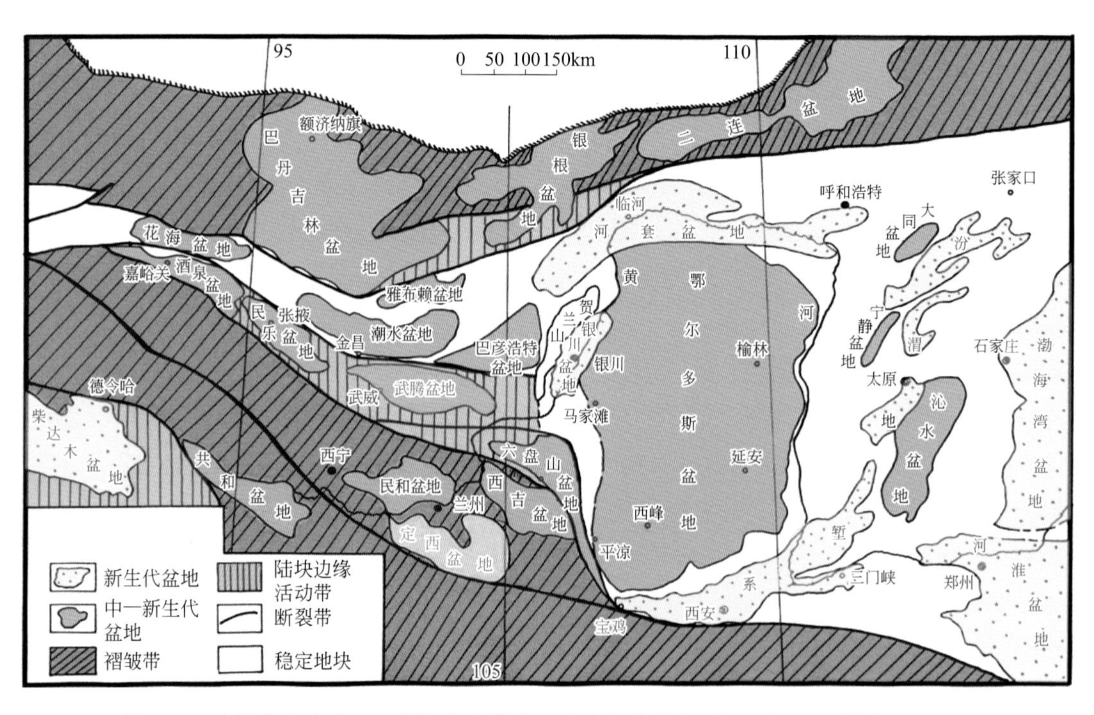

图 2-1　中国北方中部中—新生代沉积盆地分布及构造背景图（据刘池洋等，2005）

二 构造单元划分

将鄂尔多斯盆地划分为 6 个一级构造单元，即伊盟隆起、西缘冲断带、天环坳陷、伊陕斜坡、晋西挠褶带、渭北隆起。下面分别简述每个构造单元的地质特征（图 2-2）。

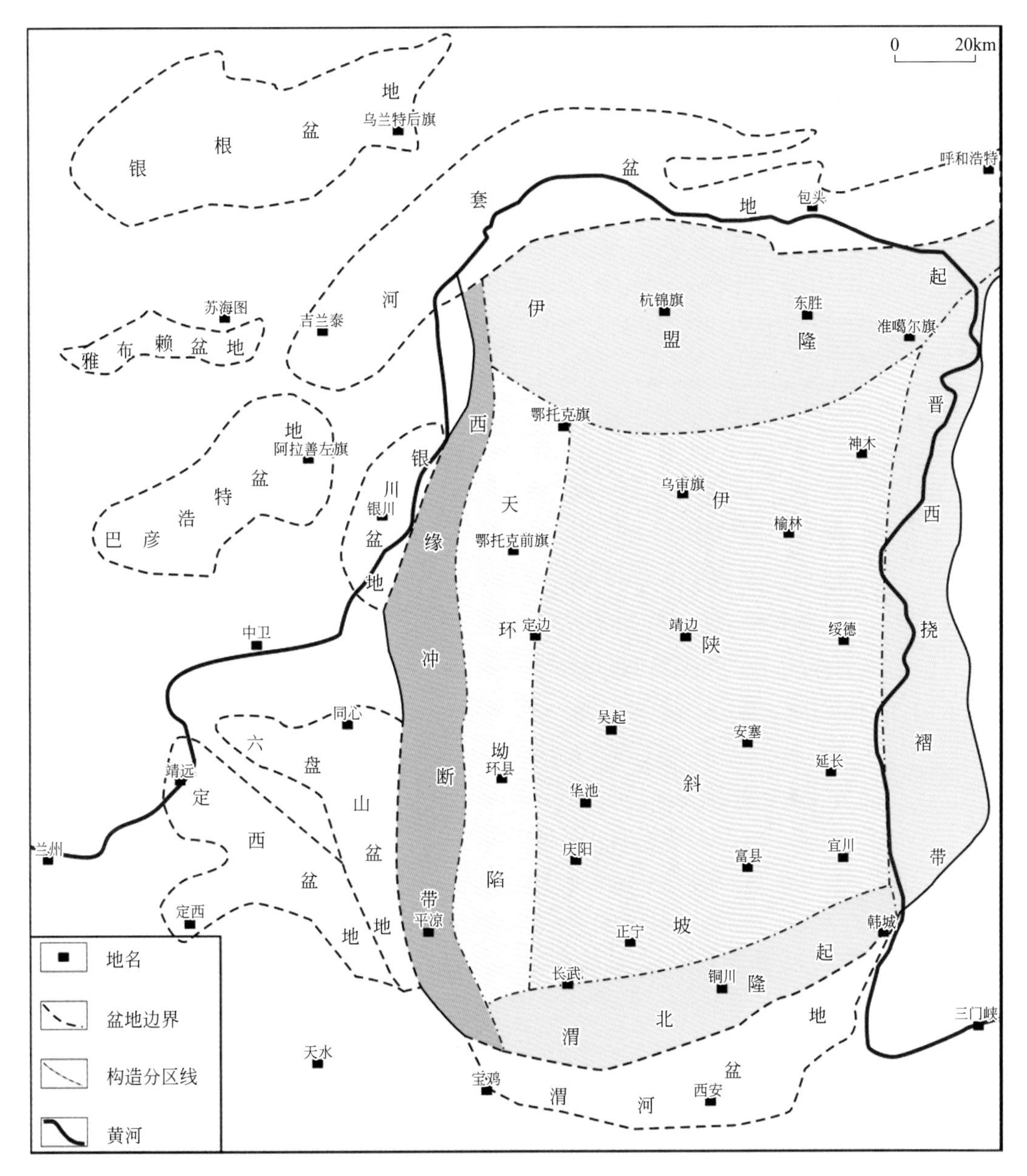

图 2-2 鄂尔多斯盆地及外围盆地构造单元划分图（据长庆油田地质志编写组，1992）

（一）伊盟隆起

伊盟隆起位于盆地北部，总体呈东西向展布，北高南低，长约 350km。南侧呈向盆地凸出的弧形，与盆地地层呈渐变关系。伊盟隆起向北逐渐抬升，地层依次变老，缺失古生界，以黄河断裂为界与河套盆地相邻。伊盟隆起西侧以桌子山断裂为界，与西缘冲断带相邻，东侧以离石断裂为界，与东部的褶皱山系毗邻。伊盟隆起为长期的继承性隆起，沉积盖层厚度为1000～3000m。从现今构造特征来看，伊盟隆起早先可能是河套断陷盆地的一部分，中—新生代以来阴山与伊盟隆起才真正分离，从而进入各自独立的构造演化阶段。

（二）西缘冲断带

西缘冲断带是我国南北构造带的北段部分，也是现今地势的突变带。西缘冲断带总体具有南北分区、东西分带的特点。西缘北段为贺兰山，与鄂尔多斯盆地以银川盆地相隔，银川盆地为新生代断陷盆地，与鄂尔多斯盆地新生代以来的逆时针旋转作用密切相关。中段为马家滩—横山堡部分，该段整体处于38° N构造转换带内，发育近东西向的断裂带，目前已有三维资料证明，而且该构造带也是现今盆内地貌和油气分区的分界线。南段发育六盘山盆地，受青藏高原隆升作用，包括六盘山盆地在内的盆地西南缘长期处于构造挤压状态，形成了整体向东北方向突出的弧形构造带。西缘冲断带向东进入天环坳陷，与天环坳陷的接触关系较为复杂，自北向南存在较大差异，南段主要以惠安堡—沙井子断裂相接触，北段应以银川盆地的东界断裂为分界，但向东仍发育一些小型的近南北向的断裂带。

（三）天环坳陷

天环坳陷处于西缘冲断带与伊陕斜坡的过渡部位。整体向下坳陷，在环县之西中生界下陷最深，俗称天环坳陷的“锅底”构造，向南至彭阳地区下陷逐渐变浅，在此处于一个局部隆起。在38°N构造转换带位置，天环坳陷下陷特征不明显，马家滩以北，下陷特征逐渐明显。目前研究认为，天环坳陷是西缘冲断带向西挤压，前缘位置下陷形成的南北向区域坳陷带。区内东西两翼构造差异特征明显，局部地区西翼已卷入西缘冲断带内，东翼逐渐向伊陕斜坡过渡。

（四）伊陕斜坡

伊陕斜坡构成了中生界鄂尔多斯盆地的主体，东西宽约250km，南北长约400km，面积约为$9\times10^4km^2$。伊陕斜坡主要是在盆地东缘构造抬升作用形成的单斜构造，向西倾角不到1°，该斜坡在晚侏罗世已具雏形，于白垩纪基本定型。近年来的勘探发现，在伊陕斜坡上发育一系列NE向的鼻隆带，这些鼻隆带具有一定的规模，可能是与NE向断裂带相伴生的断块褶皱。EGFZ Ⅲ期三维揭示中生界发育NE和NW向两组断裂带，安塞地区ES107三维资料揭示中生界发育NE向断裂带，横山—榆林、子洲—吴堡及神木地区利用二维资料在古生界也发现大量断层，陇东 EPK 三维地区也发现大量的 NW 向断层。

（五）晋西挠褶带

晋西挠褶带是一个自西向东倾伏的单斜构造（杨俊杰等，2002），中生代晚侏罗世以来，受盆地周缘多向汇聚、挤压造山作用的影响，盆地东部受古太平洋构造域俯冲作用影响，发生大规模的抬升暴露地表遭受剥蚀风化。在大规模的抬升及挤压作用下，目前盆地东部多处发现向东倾斜的逆断层发育带，判断是燕山活动的产物。新生代以来，在鄂尔多斯地块整体逆时针旋转作用影响下，可能促使该区早期断裂再次活化，在原先燕山期构造变形基础上叠加了喜马拉雅期构造变形，使断层的空间结构进一步复杂化。

（六）渭北隆起

渭北隆起处于盆地南部，南以乾县—韩城大断裂为界，北以宜君—黄龙断裂为界，断裂以北即为伊陕斜坡，面积约为 30×10^4km^2。本区受秦岭造山带形成演化的影响，断裂较为发育。断裂以近 E—W 向为主，多为逆断层。目前研究认为，这些断层大多为加里东期及燕山期形成（陈五泉等，2008），同时伴生近东西向展布的背斜褶皱等相关构造。加里东期，该区早石炭纪地层发育韧性—脆性冲断构造，燕山期受南北向挤压俯冲作用，冲断构造进一步发展，且具有继承性发育的特点。

第二节　深大断裂与地层格架

一、基底结构与深大断裂

鄂尔多斯盆地大致经历了六大构造演化阶段：（1）太古宙—古元古代，盆地基底的形成阶段；（2）中—晚元古代的大陆裂谷发育阶段；（3）早古生代的克拉通盆地发育阶段；（4）晚古生代—早—中三叠世的克拉通盆地形成演化阶段；（5）晚三叠世—白垩纪的大型内陆坳陷发育阶段；（6）新生代盆地周缘的断陷发育阶段。鄂尔多斯盆地现今的构造格局主要起源于燕山运动，在喜马拉雅运动中发育完善。

鄂尔多斯盆地基底断裂分布见图 2-3。

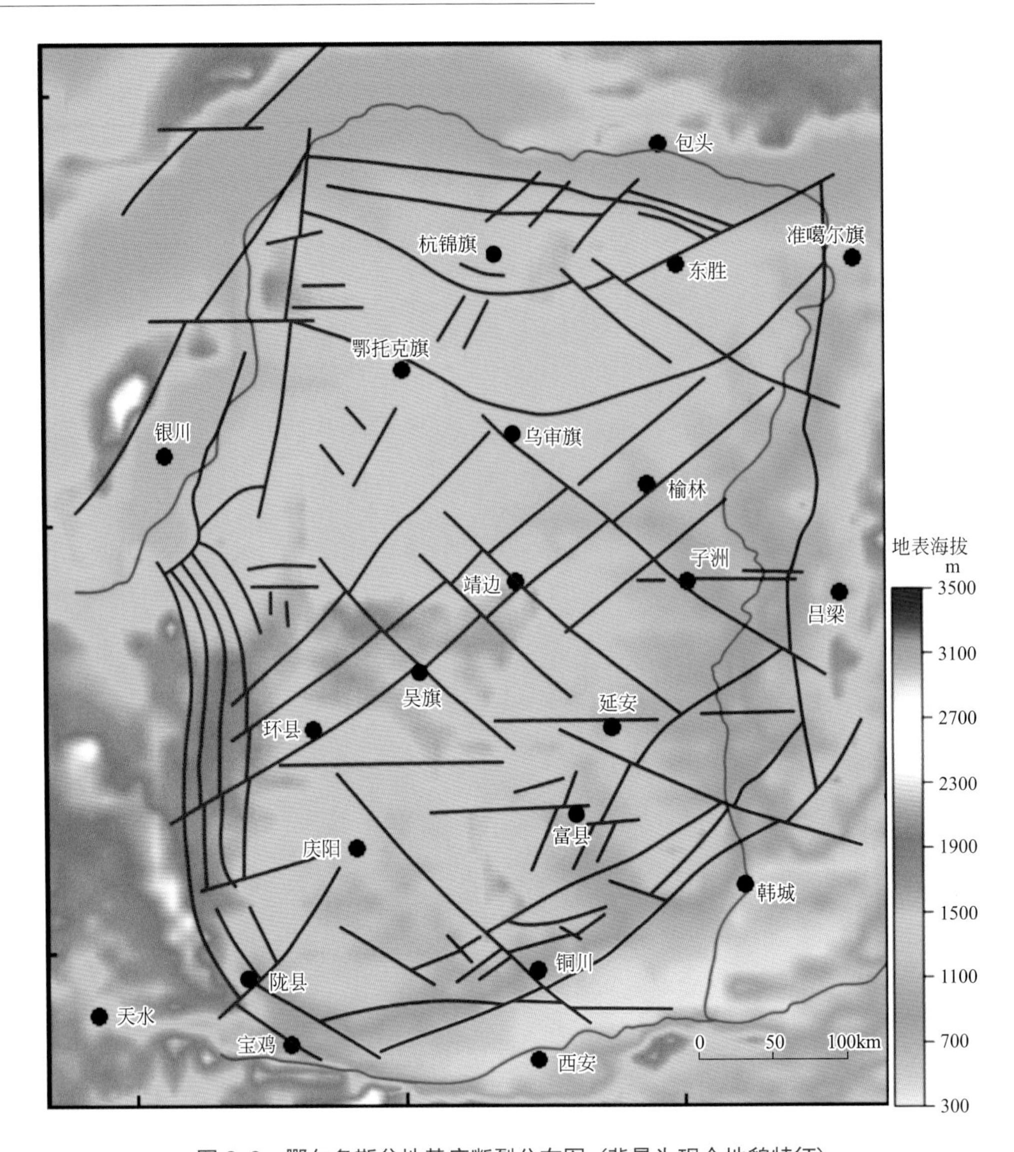

图 2-3 鄂尔多斯盆地基底断裂分布图（背景为现今地貌特征）

前人通过重、磁、电、地化等资料对盆地基底断裂进行识别（张抗，1983；贾进斗等，1997；何自新等，2003；赵文智等，2003；潘爱芳等，2005；马润勇等，2009；李明等，2012；董敏等，2019）。公认的主要有三组方向的基底断裂。

（一）近东西向断裂带

（1）秦岭山前断裂带，该断裂是渭河盆地与秦岭山脉的分界断裂，总体近东西走向，局部出现北东方向拐弯，在卫照图上非常清晰，向东进入秦岭造山带消失。目前研究表明，该断裂带具有早期挤压、晚期伸展的演化发展过程，主体是一条左旋剪切性质的活动正向断裂。

（2）定边—绥德断裂带，该断裂带位于北纬 37° 20′ 至北纬 38° 00′ 之间，展宽 50 ～ 70km，东西绵延 1500km，是一条在地质历史上具有长期活动特征的岩石圈深大断裂带，也即前文所述的 38° 构造转换带。目前物探资料揭示，该断裂带由一系列小型的近东西向断裂构成，总体具有走滑性质，不同位置构造样式差异较大，在盆地西部为花状构造样式，在东缘具有三组平行断裂组成的走滑断裂带。

（3）鄂托克旗—伊金霍洛旗断裂带，主要由三条近似平行的断裂组成，在盆地西侧主要呈北西西向或东西向展布，在盆地东部转变为北东东向展布。

（二）北西西向断裂带

该组断裂带主要分布在盆地西部的乌海—乌审旗、银川—定边、吴忠—直罗及中宁—庆阳地区。贾进斗等（1997）研究认为，该组断裂带可能是北北东向断裂带的共轭断裂，与北北东向断裂带同期或稍晚形成。依据岩石接触关系、K-Ar 同位素定年等认为，该组断裂带形成时代为寒武纪。

（三）北北东向断裂带

该组断裂带在深部地层呈北北东向展布，中—新生代地层呈北东东向展布，在展布方向、断裂性质和尺度上都有很大的差异。同时，沉积盖层中的北东东向断裂在垂向上具有明显的分层性，它与基底深大断裂的构造关联性不强。

二　盆地地层格架

依据盆地内部的大型不整合面，可将盆地内部沉积地层划分为七大套地层，自下而上分别为：（1）中—新元古代地层；（2）早古生代地层；（3）晚古生代地层；（4）早中生代地层；（5）中中生代地层；（6）晚中生代地层；（7）新生代地层（表 2-1）。下面分别就不同时期构造层的岩性特征进行描述。

（一）中—新元古代地层

中—新元古代地层主要包括长城系、蓟县系及震旦系。长城系为陆相、滨海相沉积，上部为肉红色的石英砂岩、绢云母石英片岩及杂色片岩，下部为暗紫色、紫红色页岩，底部含砾或具底砾岩，厚度大于 1000m。蓟县系为滨海相、浅海相沉积，主要为灰色、棕红色白云岩、颗粒、藻或叠层石白云岩和钙质板岩，含燧石团块夹少许砂岩及页岩，其底与长城系呈假整合接触，厚度一般大于 1000m。震旦系主要为红色页岩、板岩、泥灰岩，底部为石英砂岩、砾岩，属于冰碛泥砾岩沉积，与蓟县系呈假整合接触。

表 2-1　鄂尔多斯盆地地层年代表（据长庆油田，2018）

宇 / 界	系	统	组	地层代号	厚度 m	地震代号	构造层	主要地壳运动	油气显示
新生界	第四系	全新统		Q_4	60		新生代地层		
		上更新统		Q_3	80				
		中更新统		Q_2	130				
		下更新统		Q_1	10			喜马拉雅运动Ⅱ	
	新近系	上新统		N_2	690				
		中新统		N_1	960			喜马拉雅运动Ⅰ	
	古近系	渐新统		E_3	700				
		始新统		E_2	270			燕山运动Ⅳ	
中生界	下白垩统	志丹统	泾川组	K_1z_6	120		晚中生代地层		
			罗汉洞组	K_1z_5	180				
			环河组	K_1z_{4+3}	240				
					290				
			洛河组	K_1z_2	400				盆地北部、西部见油苗
			宜君组	K_1z_1	50	T_K		燕山运动Ⅲ 燕山运动Ⅱ	
	侏罗系	上统	芬芳河组	J_3f	1100		中中生代地层		
		中统	安定组	J_2a	250				
			直罗组	J_2z	30			燕山运动Ⅰ	盆地西部、渭北具工业油流
		下统	延安组	J_1y	300	T_{J9}			盆地西部、陇东、陕北、渭北具工业油流
			富县组	J_1f	100	T_J		印支运动	
	三叠系	上统	延长组	T_3y_5	200				盆地西部、陇东、陕北、渭北具工业油流
				T_3y_4	250				
				T_3y_3	300				
				T_3y_2	200	T_{T7}			
				T_3y_1	250				
		中统	纸坊组	T_2z	500		早中生代地层		
		下统	和尚沟组	T_1h	120				
			刘家沟组	T_1l	380			海西运动	

续表

宇/界	系	统	组	地层代号	厚度 m	地震代号	构造层	主要地壳运动	油气显示
上古生界	二叠系	上统	石千峰组	P_3q	260		晚古生代地层	海西运动	陕北具工业气流
		中统	石盒子组	P_2h	350				盆地北部、陕北具工业气流
		下统	山西组	P_1s	120				
			太原组	P_1t	80	T_P			
	石炭系	上统	本溪组	C_2b	50	T_{C2}		加里东运动	
下古生界	奥陶系	上统	背锅山组	O_3b	800		早古生代地层		
		中统	平凉组	O_2p	1000				
		下统	马家沟组	O_1m	1000	T_O			盆地中东部陕北具工业气流
			亮甲山组	O_1l	90				
			冶里组	O_1y	70			怀远运动	
	寒武系	上统	凤山组	ϵ_3f	60				
			长山组	ϵ_3c	90				
			崮山组	ϵ_3g	270				
		中统	张夏组	ϵ_2z	170				
			徐庄组	ϵ_2x	120				
			毛庄组	ϵ_2m	40				
		下统	馒头组	ϵ_1m	70				
			猴家山组	ϵ_1h	100				
新元古界震旦亚界	震旦系			Zz	180		中—新元古代地层		
	蓟县系			Zj	＞1000				
	长城系			Zc	＞1000			吕梁运动	
古元古界	滹沱系			Pt_1h	8000				
	五台系			Pt_1w	80000～16000			五台运动	
太古宇	桑干系			Ar	9000				

中—新元古代地层时代老、埋藏深，在盆地内部的揭示程度较低。五台运动的裂陷阶段，使太古宙及古元古代结晶基底破裂断陷，长城系主要在裂陷槽内部

沉积厚度大，其余部分沉积厚度小。蓟县系主要为海相碳酸盐岩的陆棚相沉积，现今盆地西南部沉积厚度大。至震旦纪演化阶段，盆地本部再度坳陷，沉积了一套厚度不大、总体具有冰川相的碎屑岩。

长城系底部以泥岩为主，中上部以各种类型的砂岩为主，区域分布较为稳定，在地震上构成一个上下阻抗差异加大的反射界面，用 T_{pt2ch} 表示泥岩顶界的反射界面。

（二）早古生代地层

下寒武统包括猴家山组、馒头组、毛庄组、徐庄组、张夏组。猴家山组沉积一套含磷砂岩和结晶灰岩，厚度约 100m；馒头组主要分布在南缘，岩石类型以紫红色页岩为主，厚度约 70m；毛庄组发育于南缘和盆地本部，与上下地层均整合接触，厚度约 40m；徐庄组岩石类型为薄层灰岩、白云质灰岩，夹少量砂岩或页岩、石灰岩，厚度约 120m；张夏组以厚层鲕粒白云岩或颗粒白云岩为特征，是区域性的标志层。上寒武统固山组、长山组、凤山组岩性较为相似，都为白云岩或石灰岩，总厚度超 400m。

奥陶系冶里组原称冶里石灰岩，仅在盆地南缘发育，其余部分缺失。亮甲山组与下伏的冶里组整合接触，与上覆的马家沟组不整合接触，原称亮甲山石灰岩，在盆地本部和西缘缺失。马家沟组在盆地内分布范围较广，自下向上分为六段，其岩性组合特征具有振荡性变化特征。其中，下部岩石类型以白云岩为主，上部岩石类型发育白云岩和石灰岩，但是盐岩和硬石膏相对较少。平凉组和背锅山组在盆地内部大部分缺失。

从早古生代地层岩性来看，盆地本部总体表现为陆表海的沉积环境，但盆地内部、盆地边部存在一定的构造分异。在从早古生代开始至晚古生代，盆地总体由被动大陆边缘沉积环境向主动大陆边缘环境转变。加里东期构造运动造成盆地及周缘地区大规模抬升，形成区域不整合面，华北克拉通大部分地区缺失上奥陶统、志留系和泥盆系。

寒武系与奥陶系在岩性结构上存在较大的差异，地震上表现为上下差异较大的阻抗界面，形成振幅较强的连续反射同相轴，用 T_o 反射层表示奥陶系底界的反射界面。

（三）晚古生代地层

上古生界石炭系主要为滨海相、海陆过渡相沉积。早石炭世在盆地本部缺失，中石炭统本溪组主要分布在盆地东部，西部对应羊虎沟组（长庆油田石油地质志，1992）。本溪组底部为黄褐色铁质结核透镜体及灰色铝土质泥岩，上部为灰色砂质泥岩夹煤线及东部的微晶灰岩。二叠系属稳定的内陆盆地沉积，发育河湖沼泽相的煤系及碎屑岩地层。太原组和山西组主要为煤系地层沉积，是上古生界天然气主要的烃源岩层。石盒子组和石千峰组累加厚度约200m，有向东加厚的趋势。石盒子组以湖相泥岩、砂岩沉积为主，石千峰组以含砾砂岩与砂质泥岩互层为主，厚度约为250m左右，有向南、向北部增厚的趋势。

中石炭世早期，盆地本部在加里东期碳酸盐岩侵蚀面上沉积了一套海陆过渡相地层（张晓莉等，2005）。中石炭世晚期，海侵规模加大，具有局限浅海的沉积环境。晚石炭世晚期，受海西运动影响，海水逐渐退出盆地本部，山西组在太原组沉积基础之上发育湖泊三角洲相沉积。至石盒子组沉积期，盆地北部和南北供屑能力显著增加，辫状河—曲流河—三角洲为代表的沉积环境在较长时间内具有一定规模的发展，岩性主要为中厚层石英砂岩，夹杂色泥岩和砂泥互层。

本溪组内部煤层在全盆地分布稳定，区域上与上覆地层岩性构成阻抗差异较大的岩性界面，地震上为振幅很强的连续反射同相轴，用T_{C2}表示煤层顶界的反射界面。同样，也用T_{P9}表示太原组煤层顶界的反射界面。

（四）早中生代地层

下三叠统刘家沟组为紫红色、砖红色细砂岩与紫红色泥岩互层，夹少量细砾岩，厚350～380m，与下伏二叠系石盒子组与石千峰组呈假整合接触。和尚沟组纵向上为泥岩、棕粉砂岩、砂岩及含砾砂岩组合，与下伏刘家沟组整合接触。中三叠统纸坊组以杂色泥岩与砂质泥岩为主。刘家沟组与和尚沟组地层厚度分布范围相当，刘家沟厚度约240～280m，和尚沟厚度约100～120m（完颜容等，2015）。纸坊组地层厚度具有南厚北薄的特点，北部稳定，厚度为200～300m，南部厚度变化大，在400～600m，局部形成小型坳陷。

早—中三叠世，盆地内部构造环境相对宁静，处于大型内克拉通盆地消亡向坳陷湖盆发育的转换期（曾传富，2016），发育干旱环境的河流—湖泊相沉积，以“浅水湖泊三角洲”为特色，主要发育三角洲平原和三角洲前缘与滨浅湖沉积。其中，纸坊组沉积期古气候转为“湿暖”，发育一套灰黑色泥岩、泥页岩沉积地层，具备一定的生烃潜力，在渭北地区“黑纸坊组”露头剖面发现了油苗。

（五） 中中生代地层

上三叠统延长组与下伏中三叠世的纸坊组、上覆早侏罗世富县组或延安组分别呈假整合接触关系，发育一套内陆湖泊三角洲沉积体系，自下而上大致划分为5段，分别为T_3y_1、T_3y_2、T_3y_3、T_3y_4、T_3y_5。其中T_3y_1段相当于长 10 油层组，主要为一套厚层状砂岩沉积，局部地区夹暗紫色泥岩，厚度 200 ～ 300m。在盆地西部的马家滩油田，长 10 油层组是中生界石油的主要产油层之一。T_3y_2 段相当于长 9 油层组和长 8 油层组，主要为砂岩和泥岩互层沉积，砂岩沉积厚度较大，单层厚度较大。长 9 砂岩在厚度和粒度上与长 10 砂岩相比，表现为砂岩厚度明显减小，粒度也有变细的规律，表明长 10 到长 9 沉积阶段，湖盆水退逐渐加深。长 9 段在陕北吴起—安塞地区为一套黑色泥页岩，也是重要的烃源岩，厚度在 20 ～ 40m，习称“李家畔页岩”。T_3y_3 段相当于长 7 油层组、长 6 油层组和长 4+5 油层组，长 7 段发育一套暗色泥页岩，分布范围较广，轴向呈北西—南东向展布，是目前中生界最为重要的烃源岩，长 6 主要为一套中、细粒砂岩沉积，长 4+5 总体由泥岩、粉砂岩组成，但陕北地区长 4+5 的泥岩分布较为稳定，可作为区域性标志层。T_3y_4 段相当于长 2 油层组和长 3 油层组，总体岩性为灰绿色、灰白色中—细砂岩夹灰色、深灰色泥岩、页岩，盆地内部部分缺失。T_3y_5 段相当于长 1 油层组，岩性为深灰色泥页岩夹煤层，局部发育。

延长组沉积之后，受印支运动影响，盆地整体抬升遭受剥蚀，随后沉降开始接受下侏罗统的沉积充填作用。受风化剥蚀和河道侵蚀双重作用的影响，在前侏罗纪不整合面上形成了千沟万壑的古地貌景观。下侏罗统沉积以砾状砂岩和砾岩为主，主要分布在早期的古河道内部。延安组是一套以河流、湖泊相为主的含煤、含油层系沉积，下段以大面积、广覆式的煤层沉积为主要特色，向上逐渐转变为河流相的砂泥岩沉积。直罗组为假整合于延安组之上的一套河流湖泊相沉积，主要由砂岩、泥质粉砂岩及粉砂岩组成。安定组由下部粉砂岩和上部泥岩组成，厚度 100m 左右。上侏罗统芬芳河组仅在盆地西缘或西部局部发育，盆地内部不发育，为一套含砾砂岩沉积。受晚侏罗—早白垩世燕山运动的影响，芬芳河组与下伏地层呈角度不整合接触，厚度变化很大。

延长组长 7 段泥页岩在盆地南部分布稳定，区域上与上覆的砂泥岩互层构成阻抗差异较大的岩性界面，地震上为振幅很强的连续反射同相轴，用 T_{T7} 表示长 7 段泥岩顶界的反射界面，或用 T_{T7x} 表示长 7 段泥岩底界的反射界面。侏罗系与三叠系之间岩性差异较大，造成阻抗差异也较大，地震上为较强振幅的连续反射同相轴，用 T_J 来表示三叠系顶界的反射界面。侏罗系延安组底部煤层在盆地南部分布稳定，区域上与上覆的砂岩及泥岩构成阻抗差异较大岩性界面，地震上为强振幅的连续反射同相轴，一般用 T_{J9} 表示煤层底界的反射界面。

（六）晚中生代地层

盆地内部仅存下白垩系志丹统，自下而上包含宜君组、洛河组、华池组、环河组、罗汉洞组和泾川组，总厚度约1400m以上（王建强等，2011）。该套地层主要分布在盆地西南部，由东向西、由南往北各组残存范围逐渐缩小，时代依次变新。宜君组发育一套底砾岩，习称“宜君砾岩”；洛河组分布范围相对较广，为一套石英砂岩，局部夹泥岩或砾岩；环河—华池组为棕红色夹黄绿色、灰绿色中细砂岩或泥岩；罗汉洞组为块状含细砾长石砂岩，局部夹泥岩或泥质粉砂岩；泾川组仅分布在镇—泾一带，岩性为灰绿色砂质泥岩、泥岩和褐色砂岩。

下白垩统主体为一套河湖相夹风成沙漠相的红色碎屑沉积。经历了宜君、洛河—环河、华池期与罗汉洞、泾川期两次干旱—半干旱到潮湿的气候演变，构成两大由粗到细的沉积旋回。受喜马拉雅运动影响，盆地内部遭受了晚白垩世—古新世的抬升剥蚀改造，其最大剥蚀量可达2000m以上。

白垩系底部砾岩在盆地西部分布稳定，区域上与上覆的砂泥岩互层构成阻抗差异较大的岩性界面，地震上用T_K标识白垩系砾岩顶界的反射界面。

（七）新生代地层

盆地内部新生代地层局部发育，主要包括古近—新近系和第四系。古近—新近系岩性为泥岩夹泥灰岩，厚度在50～300m，该套地层不整合于下伏的一切老地层之上。第四系岩性以黄土层、砂层和红土层为主，夹砾石层和黏土层，不整合于一切老地层之上，厚度在150m左右。盆内新生代地层在西缘地区相邻的河套盆地、银川盆地及六盘山盆地等地区发育，盆地内部与周缘分布差异很大，这主要受控于新生代以来青藏高原急剧隆升挤压，鄂尔多斯地块向东逃逸、旋转和解体作用有关。

第三节　油气勘探历程

鄂尔多斯盆地整体呈现“上油下气、南油北气”的含油气格局，盆地内部以伊陕斜坡构造单元为主体，目前盆地发现的油气储量90%以上均聚集于此构造单元。

天然气主要赋存于古生界致密砂岩及碳酸盐岩储层内。20世纪80年代，勘探战场由盆地周边向腹部转移，发现了以米脂气田为代表的上古生界气藏；80年代末期，勘探思路由构造圈闭向地层圈闭转变，发现并探明了靖边奥陶系风化壳气田；90年代中期，勘探重点转向上古生界碎屑岩岩性圈闭，发现了乌审旗和榆林两个含气区；90年代末期，仍以岩性圈闭勘探的思路为指导，发现了苏里格大气田和子洲气田。21世纪以来，随着勘探的逐步深入，发现了上古生界铝土岩气藏及海相石灰岩气藏。铝土岩储层和石灰岩储层都为夹在上古生界煤系烃源岩内部的“非常规储层”，以往关注程度不高，近年来发现可能具有一定的含气规模。同时，在盆地东部下古生界奥陶系马家沟组白云岩储层获得高产气流，在西缘冲断带内下古生界乌拉力克组分别获得石油和天然气，这都标志着盆地下古生界可能存在两个全新的勘探领域。盆地中东部的 JT1 风险井在中—新元古界长城系致密砂岩中点火成功，标志着盆地深层仍具良好的勘探前景。

在鄂尔多斯盆地石油主要赋存于中生代砂岩储层内，勘探历程更长。20 世纪 50 年代，在延安、铜川、韩城一带中生界地层发现油苗，西缘冲断带内发现中生界油层，但勘探尚未获得工业性突破。70 年代，首次提出古河道两岸侧翼发育的构造高部位为有利目标区，发现了马岭等一批油田，实现了盆地储量的第一次快速增长。80 年代至 90 年代，针对中生界砂岩储层的“三低”（低渗透率、低压、低丰度）特性，开发攻关研究，推广新技术、新工艺，安塞地区塞 1 井日产石油 64.5t/d，标志着勘探水平在低渗透储层领域的重大突破，随后探明了以三叠系延长组致密砂岩为主的靖安油田，原油储量、产量连续突破历史最高水平。进入 21 世纪以来，陆续在盆地西缘、延长组长 7 泥页岩段及侏罗系直罗组零星取得突破，但未取得石油储量的高速增长。近十年来，随着物探、地化技术的提高和大规模应用，在盆地西部的天环坳陷区发现了彭阳油田；在天环坳陷下陷最深处，延长组长 8 段获得高产油流，揭示该区可能具有一定的规模储量。值得一提的是，2019 年，长庆油田宣布在长 7 泥页岩内部获得突破，分年度上交探明储量 10×10^8t，标志着庆城大油田的发现。

总体来看，盆地内部含油气层系多，资源非常丰富，未来仍有较大的勘探潜力。从勘探层系的角度来看，主要的含气层下古生界分别为马家沟组马五 $_{1+2}$、马五 $_4$、马四段等；上古生界为石炭系本溪组、二叠系太原组、山西组、石盒子组及石千峰组。主要的含油层包括三叠系延长组长 10 至长 2 段、侏罗系富县组、延安组延 10 至延 4+5 段、直罗组。刘家沟组、纸坊组具有较好的含气和含油显示，仍有一定的潜力可挖掘。盆地内部断裂的普遍发育，给油气勘探带来新的启示。结合目前勘探现状，分析断裂对油气赋存的作用，深化成藏及富集规律研究，建立断裂相关的成藏新模式，必将会带来盆地新一轮的油气储量增长高峰期。

第三章 盆内断裂识别与性质判定

鄂尔多斯盆地内部断裂尺度较小，以微小断裂为主，但横向具有一定的延伸规模。本章针对盆内微小断裂，探索相应的地震识别方法，利用多种方法实现了对微小断层的准确识别。在此基础之上，综合应用多种方法，判定盆内断裂多具横向调节的走滑性质，本研究中将其称为走滑断裂带。

第一节 地震识别方法的选取

一、三维地震识别的优势

盆缘大型逆冲断裂有时出露地表，可以通过野外地质考察、测试分析等手段进行直接研究。盆内断裂多埋藏于地下，主要通过地震相关技术进行识别，两者在研究方法上存在很大的差异。鄂尔多斯盆地盆缘大型逆冲断裂垂向断距一般超过上百米，同时伴生一系列次级构造，利用地震资料容易识别，而盆内断裂在地震剖面上垂向断距一般小于 50m，加之断裂横向上构造样式变化快，断裂性质复杂（正、逆微小断裂并存），切穿层位不一，利用二维地震资料很难识别断裂并确定其合适的解释方案（多解性强）。

高精度三维地震与二维相比，在对断裂平面展布规律和剖面构造样式刻画上具有绝对的优势。以 EGFZ 三维Ⅱ期为例（图 3-1），早期没有部署三维地震之前，应用二维地震将断裂分为西部近 N—S 向较大尺度的逆冲断裂和盆内 NW 向较小尺度的逆断层进行解释。由于地震上没有判断断裂性质的明显标志，当时依据盆地西部的挤压应力背景，推测盆地内部断裂成因

也是盆缘

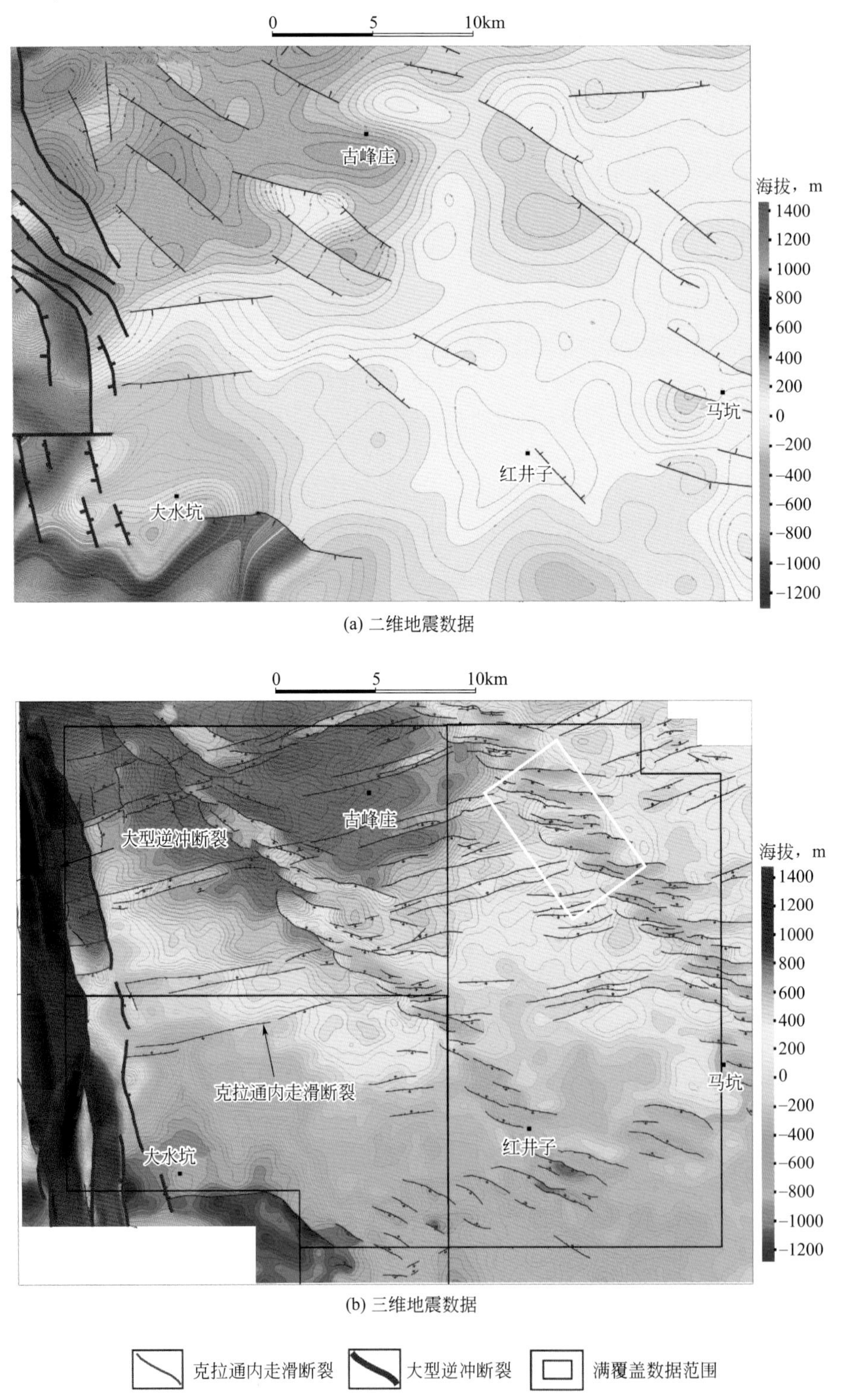

图 3-1　古峰庄地区二维与三维区的构造特征对比图

挤压应力所致，据此，将盆内断裂划分为逆断层和后期发生反转的正断层两种类型（刘永涛等，2018）。三维地震的部署，实现了对盆内断裂的展布规律和立体构造格架的精细刻画。基于三维地震对区内断层的重新解释发现，平面上发育两组近似平行的雁列式的 NW 向断裂带。该断裂带宽度 1 ～ 3km，延伸距离约 50km，每组断裂带位置在构造上表现为“两侧高、中间底”的格局。NE 向断裂在工区北部呈复杂线性展布，断裂带宽度 0.2 ～ 0.6km，南部发育一组与 NW 向呈共轭特征的雁列式断裂带。剖面上，三维地震可实现对断裂带内部结构格架的刻画。以 EGFZ Ⅲ期三维为例（图 3-2），NW 向雁列式断裂在地震剖面上为花状构造样式，从地震剖面上可以看出，在 P1 ～ P5 段，f3 断面倾向北东，由西向东，断裂的垂向断距由小到大再到小；在 L1 ～ L6 段，f3 断裂逐渐被 f4 断裂所替代，而 f4 断面倾向西南，由西向东，断裂的垂向断距也由小变大再变小的规律。整体来看，f3、f4 共同构成了一组走向一致、位置错开、倾向相反的扭动型断裂体系。因此，在断裂带构造特征精细刻画上，三维地震具有不可替代的优势。

二　地震识别技术的选取

（一）常规识别方法的不足

由于盆内断裂带沿走向构造样式变化快，利用地震剖面的断裂解释不利于断裂带的整体认识，因此，从平面特征入手，首先明确断裂带的宏观展布规律，再对地震剖面上的断裂进行解释，这是目前盆内断裂解释的总体思路。

盆内断裂总体来说垂向断距小（<50m）、延伸距离短（0.1 ～ 3.5km）、断面陡倾（一般大于 70°）、性质变化快的特点，不同地震属性识别的效果有所不同。断裂的平面特征刻画主要应用地震几何学属性，常用的几何学属性有相干、曲率、断层形态指数几种类型，其方法原理有所差异。相干属性主要通过计算相邻道的互相关系数来预测断层，如果相邻地震道横向上表现为相位、振幅、极性的一致，则互相关系数大，发育断层的可能性小；如果横向上表现为三者的不一致，则表明断层存在的可能性越大，互相关系数越小。曲率属性是利用地层的弯曲程度来预测断裂及裂缝的方法，断裂及裂缝越发育，地层弯曲的程度越大，属性的曲率值就越大。根据向上弯曲还是向下弯曲又可以分为正曲率和负曲率。断层形态指数属性是曲率属性的衍生，它是将极小曲率和极大曲率结合起来预测断层，该曲率能对形态进行准确的定量定义，可描述与尺度无关的层面局部形态。

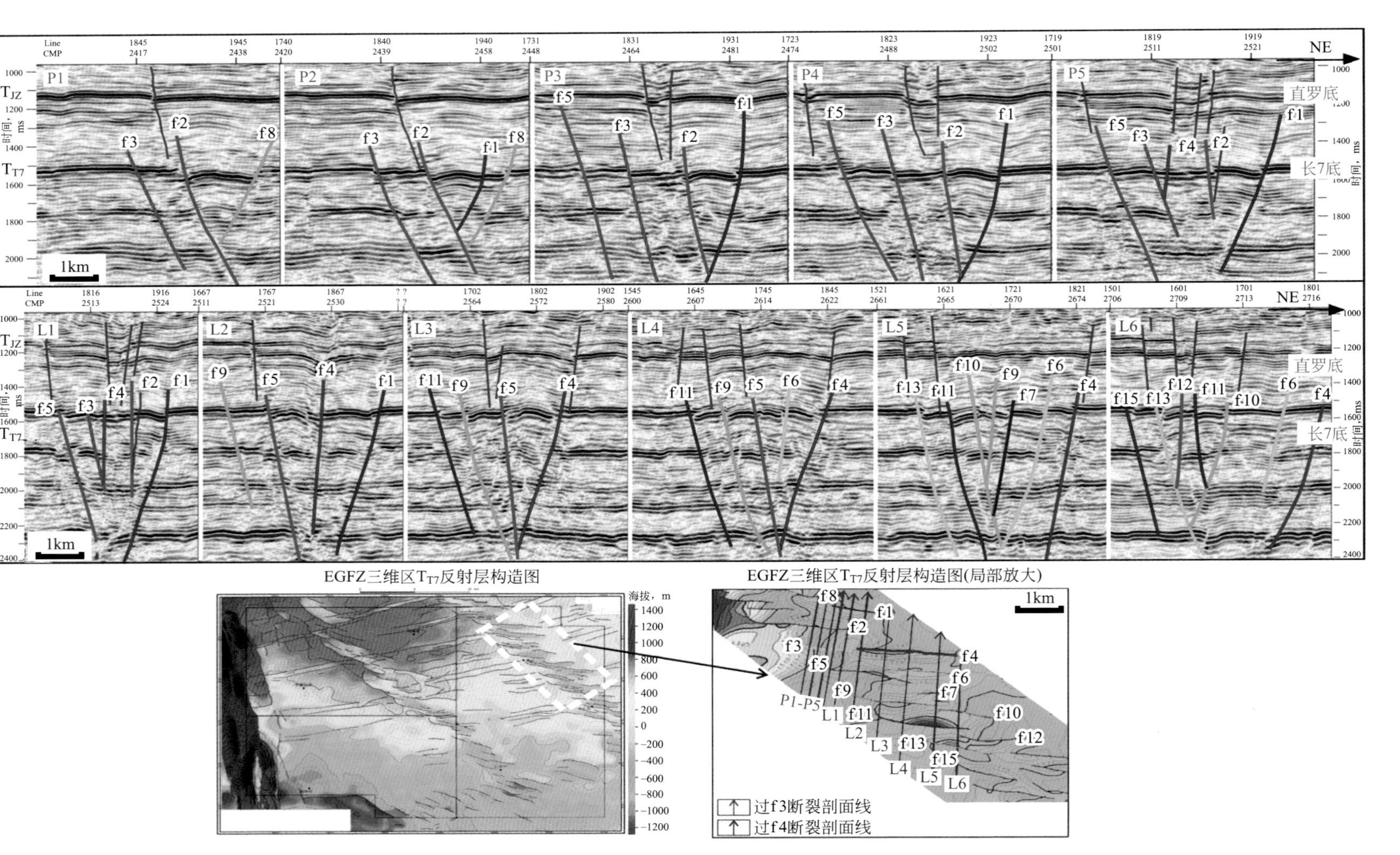

图 3-2 盆内 EGFZ Ⅲ期三维局部地区断裂带地震解剖图

以 EQCB 三维区为例（图 3-3），在常规偏移数据体的时间切片上，断裂特征明显，呈北东向展布，其中工区中部的一条断层最为明显［图 3-3（a）］；在长 7 段沿层相干地震切片上，断裂无明显的错段，总体来看不明显，同样，工区中部的一条断层最为明显［图 3-3（b）］；在长 7 段沿层负曲率地震切片上，负曲率属性通过检测地层的弯曲程度来反映微小断裂的展布规律［图 3-3（c）］。

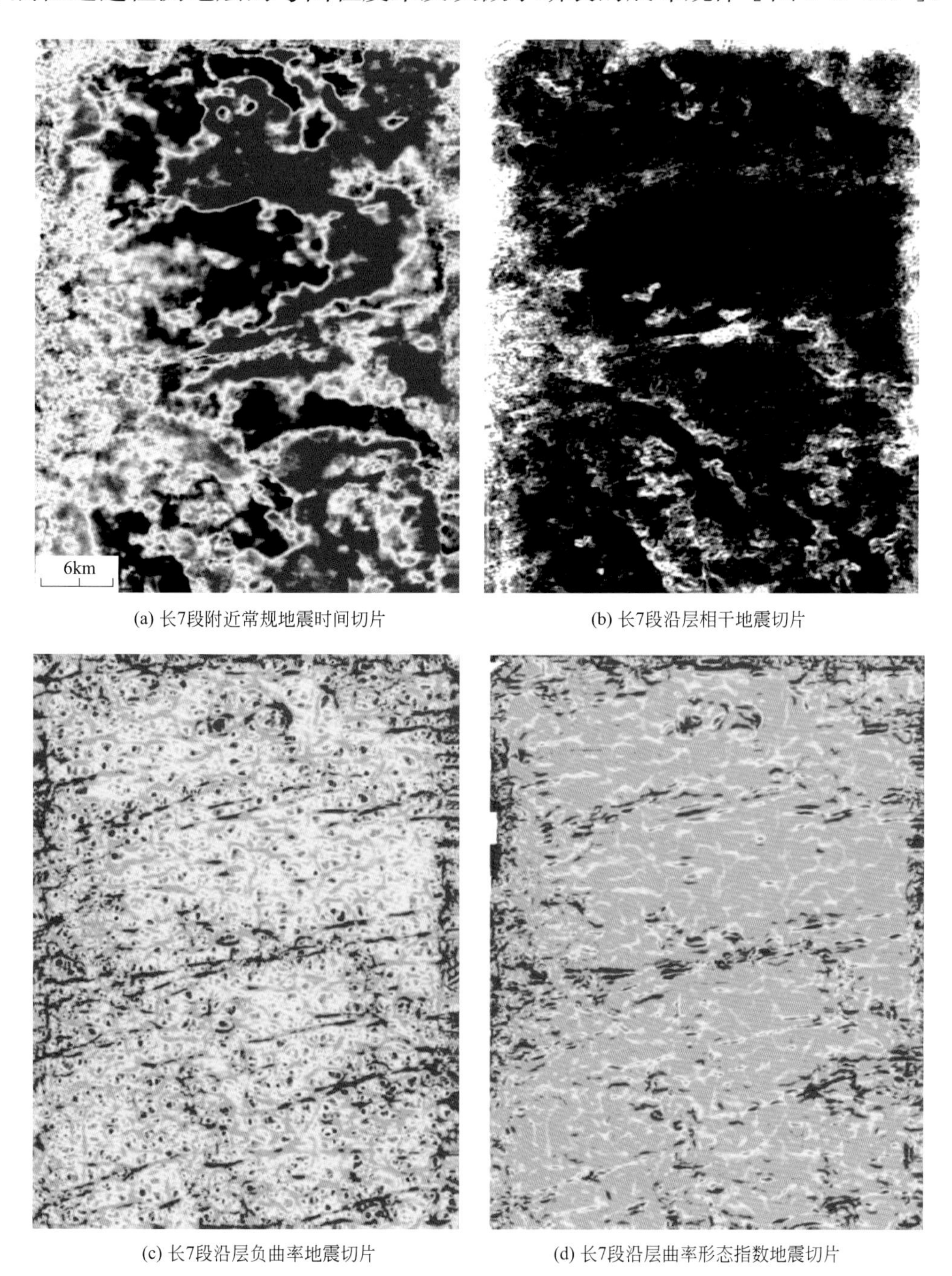

(a) 长7段附近常规地震时间切片

(b) 长7段沿层相干地震切片

(c) 长7段沿层负曲率地震切片

(d) 长7段沿层曲率形态指数地震切片

图 3-3 EQCB 三维区不同地震属性方法断裂刻画平面效果图

在长7段沿层曲率形态指数地震切片上，发现该类型属性反映的断裂展布规律与负曲率属性极其相似[图3-3（d）]，有所不同的是该种属性能够反映单条断层的上、下盘，可以在工区中部识别出一些扭动性质的断层。从断裂展布规律的显著程度来看，断层形态指数不如负曲率属性更具刻画优势，这是因为断层形态指数属性提取了更多的属性信息，压制了处于中值大小的断面弯曲信息，放大了处于中值两端的断面弯曲信息。

（二）走滑断裂识别新方法

以上论述了几种常规的地震属性方法来识别盆内断裂，虽然有一定的应用效果，但一方面最终效果距离盆内断裂的精细识别还有一定的差距，另一方面没有充分挖掘“两宽一高”的三维地震信息。因此，本研究充分利用高品质的三维地震信息，对断裂识别的三维地震方法进行深入探索，创建了两种断裂识别的新方法，并取得了较好的应用效果。

1. 多信息交互识别技术

提高断裂的识别精度从本质上来说，都是在提取断裂的有效信息，压制干扰信息，同时规避噪声，降低多解性。多信息交互识别技术是从预处理、属性选取、频带选取及方位选取几个步骤选取最为合理的方法，使其进行最优化搭配来充分挖掘三维信息，有效识别断裂（图3-4）。具体来讲，首先，初步明确断裂带的展布方向，明确分几组方向的断裂带；然后，实验不同几何学属性，优选适合本区的断裂刻画属性；在解释性处理阶段，主要对地震数据体进行滤波处理，如应用中值滤波及构造导向滤波技术来提高断面附近的成像精度；在优势频带优选阶段，合理划分频带，将分频数据体的振幅谱和噪声谱叠合，选取最优的分频段；在方位角优选阶段，合理划分方位角数据，垂直断裂的方位数据最易观察到断面，断裂特征更为清晰；最后，以最有利于断裂识别分类为准则，消除属性之间的相关性，运用核心主成分压缩的方法，综合识别断裂带，提高断裂的识别效率。

与常规的相干属性相比，该方法识别的断裂带更为精细，而且能实现不同方向断裂带的精细刻画。如图3-5所示，常规相干属性方法只能识别北西向的雁行式断裂带，北东向走滑断裂响应非常模糊。应用该方法，不仅北西向雁行式断裂带的识别精度得到了进一步提高，而且同时实现了对北东向复杂线性断裂带的精细刻画。值得一提的是，该方法虽然实现了对不同方向断裂带的精细刻画，但人为地放大了一组断裂带的地震响应，忽略了不同方向断裂带存在地震响应差异的这一客观事实，在应用及综合分析时要引起注意。

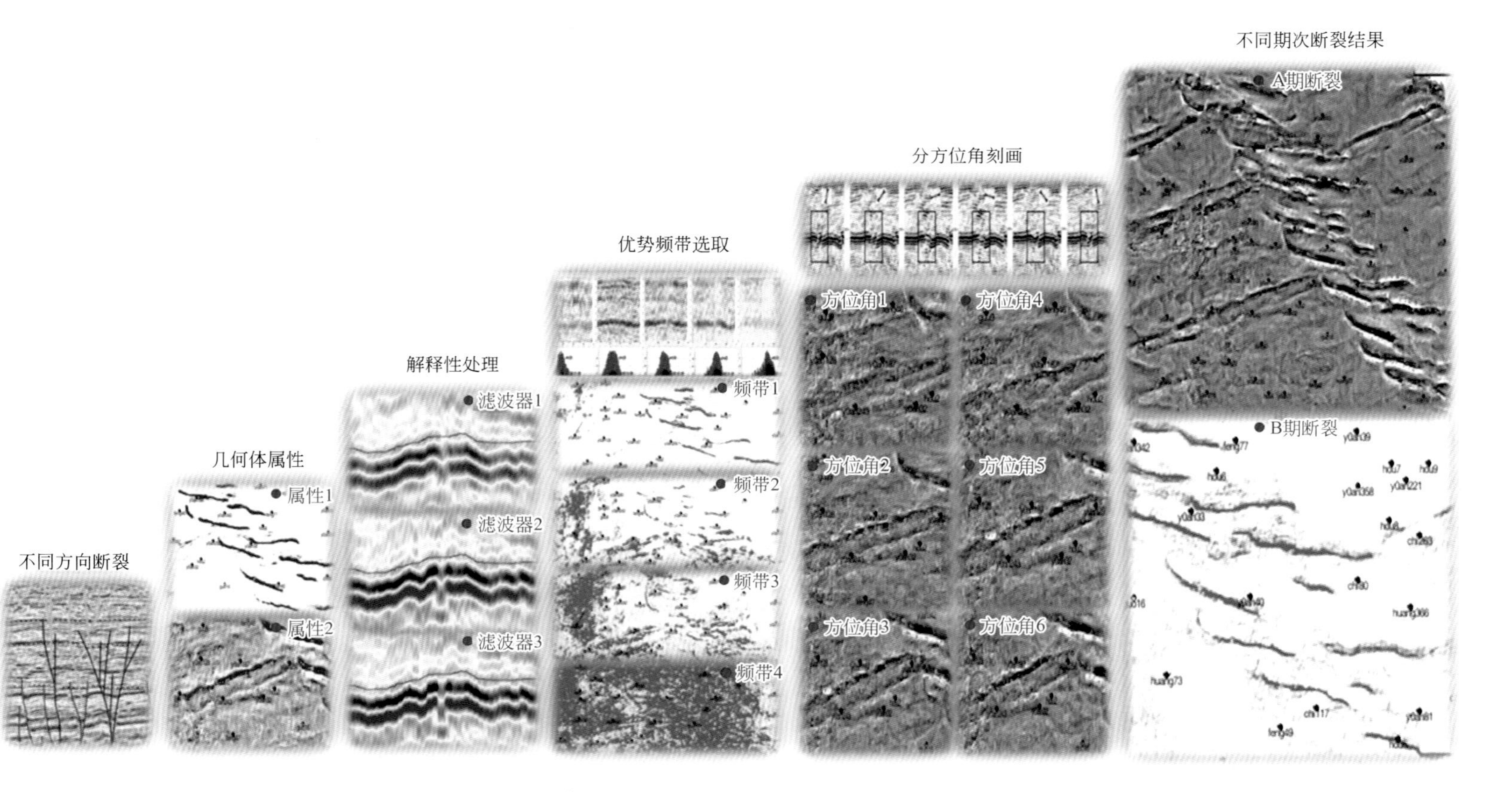

图 3-4　盆内断裂的多信息交互识别技术流程示意图

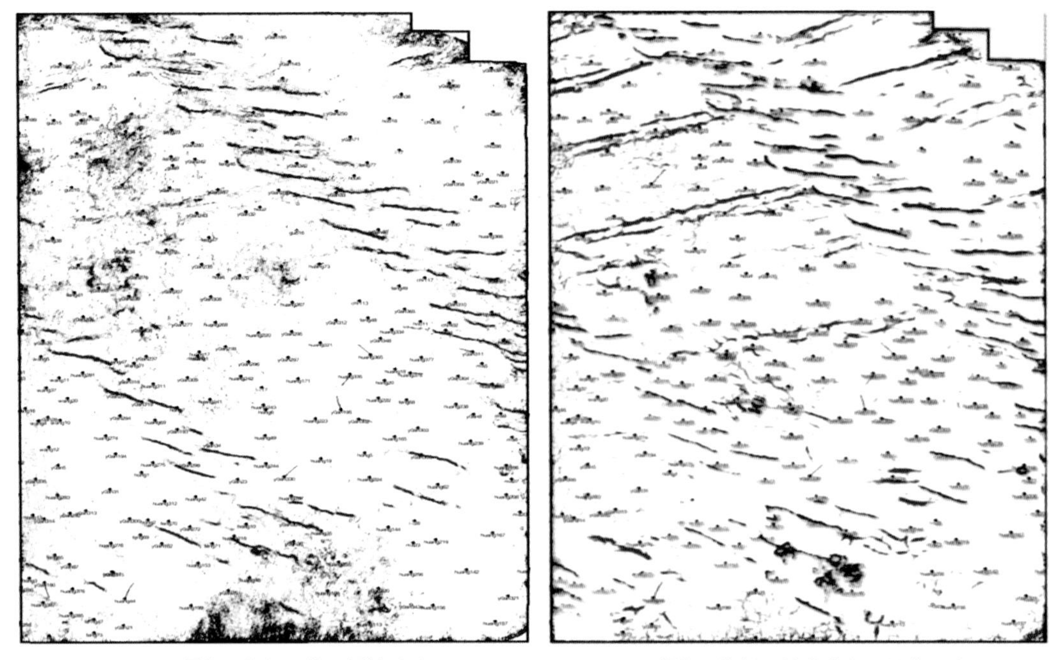

(a) EGFZⅢ期三维长7顶相干属性平面图　　(b) EGFZⅢ期三维长7顶多信息交互断裂识别平面图

图 3-5　古峰庄断裂多信息交互识别技术应用效果对比图

2. RGB 多属性融合技术

从技术原理的角度来讲，多属性融合技术就是将不同属性的、断裂响应特征明显的识别结果进行融合，应用 RGB 三原色分比例进行合并显示的断裂识别技术。该种方法可以放大断裂有效信息，压制干扰信息，而且不拘泥于固定的预测步骤，应用起来非常灵活。

本研究探索出一种应用 RGB 属性融合技术预测盆内微小断裂的技术流程。首先，通过大量的实验，优选对本区断裂地震响应最为敏感的几种属性；然后，在研究区优选几个关键目的层，自深向浅分别对不同目的层断裂进行刻画；在断裂刻画的基础上，将不同目的层的断裂属性进行融合。由于断裂的断面近乎直立，因此，在一定限度的地层厚度内，不同目的层的断裂属性可在相同位置上相互叠加，有利于断裂系统的识别。同时，这一融合结果可作为不同目的层断裂识别的标准模板；最后，再将上述融合的标准模板与某一目的层的断裂属性进行融合，在融合的过程中让这一目的层的断裂属性占主导地位，让模板作为这一目的层断裂识别的参考背景，在此基础上对这一目的层的断裂系统进行识别。如图 3-6 所示，分图（a）为应用常规相干属性识别的某三维区长 7 段断裂系统，分图（b）为应用 RGB 多属性融合技术识别的断裂系统。通过对比可以看出，RGB 多属性融合技术识别的断裂更加规律，响应特征更加明显。

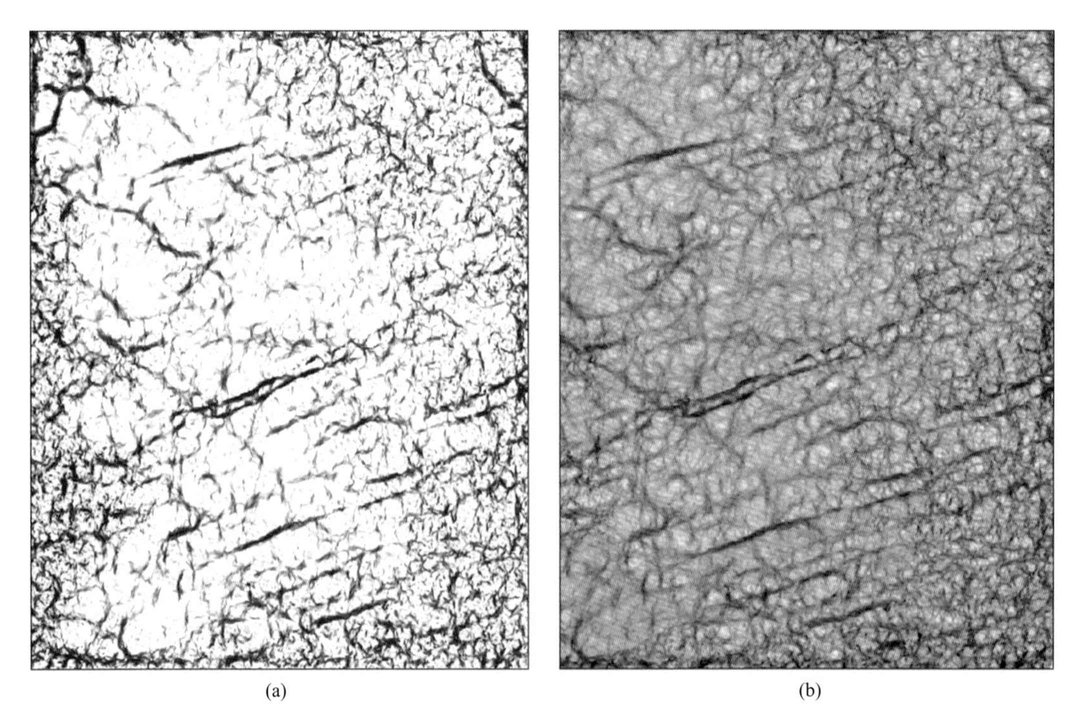

图 3-6　RGB 多属性融合技术与相干属性识别不同方向断裂效果对比图

由于 RGB 多属性融合技术通过将不同目的层的断裂属性信息纵向上进行叠加，放大了反映主要断裂的地震属性信息，压制了属性切片中一些其他地质响应的地震属性信息，降低了断裂解释的多解性。然后再将多层融合的属性切片与单一目标层的属性进行融合，进一步放大目标层地震属性切片的地震信息，使断裂解释更加具有依据。RGB 多属性融合技术的主要优势是通过将一定深度内断裂带的地震属性信息进行叠加，从立体上整体刻画了断裂带的结构构造，这为单一目标层的断裂识别提供了非常客观、有效的重要参考，使目标层断裂解释更加准确和可靠。该方法与多信息交互断裂识别技术相比，应用起来更加简单便捷，而且非常符合地质原理，值得在全盆地推广应用。

第二节　盆内断裂性质的判定

2016 年来，随着古峰庄连片三维的实施，证实邻近盆地西缘位置确实发育 NW 和 NE 两组方向的断裂带，三维刻画的断裂系统与二维相比，在对断裂带的内部结构及断裂带的内、外构造格架方面更加精细，为后续断裂带精细识别和性质判定奠定了良好的资料基础。同时，2017 年至 2020 年，在盆地南部麻黄山、山城、庆城、演武、环县、合水等地区相继部署了多块“两宽一高”三维区，几乎每块三维区内都发现了不同方向规律展布的断裂带。这些断裂带虽然垂向断距小，但横向上却延伸距离较远，有的超过 100km，具有一定规模，不容小视。本研究通过对钻井岩心资料、地质露头资料、断裂构造样式和不同盆地内部断裂的类比，证实盆地内部的这些断裂带具有横向调节转换性质。虽然这些断裂带一般具有一定的走滑兼拉张或挤压性质，并不是纯粹意义上的走滑断裂带，但本研究将其称为盆内走滑断裂带，以突出其走滑的构造特征及成藏的特殊意义。

一 钻井及测井解释证据

近几年在盐池及正宁、合水地区的中生界钻井取心中，发现了高角度的微断裂及垂直缝，个别岩心仔细观察可以看见擦痕（图 3-7）。盐 214 井可以看见切穿切割砂岩的垂直微断裂，盐 147 井沿砂岩层发育顺层裂缝，成像测井可见顺层裂缝。盐 148 井成像测井和岩心中都可见顺砂岩层和垂直于砂岩层两种类型的微裂缝。正 40 井岩心可见切割砂岩层的垂直微断裂，成像测井可见垂向上呈雁行式排列的微裂缝。正 31 井岩心可见切割泥岩的高角度裂缝，成像测井依稀可见纵向延伸长度较短的垂直缝和水平缝。正 17 井成像测井可见垂直缝和水平缝，岩心可见垂直运动的擦痕。

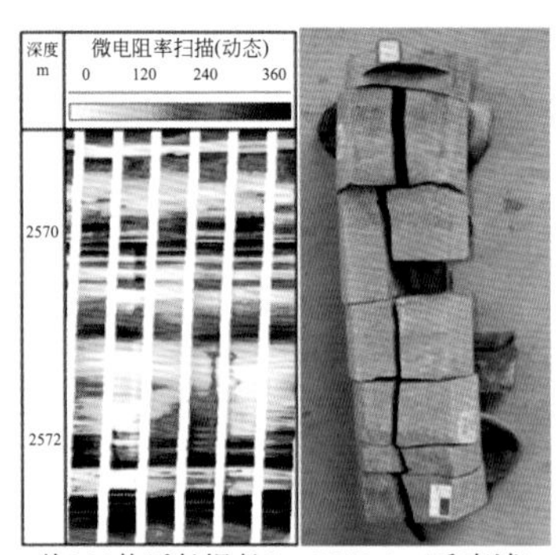

盐214井延长组长8 2570.5m(垂直缝)

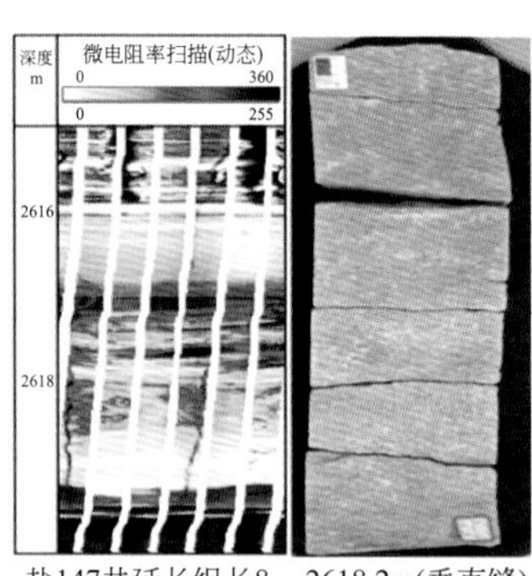

盐147井延长组长8 2618.2m(垂直缝)

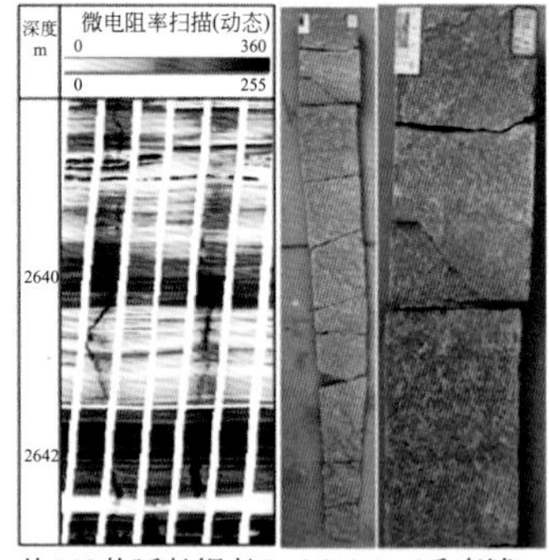

盐148井延长组长8 2640.1m(垂直缝)

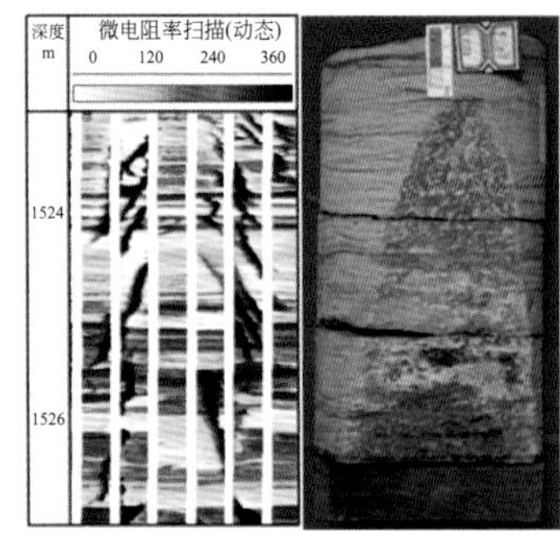

正40井延长组长8 1525.00m(高角度缝)

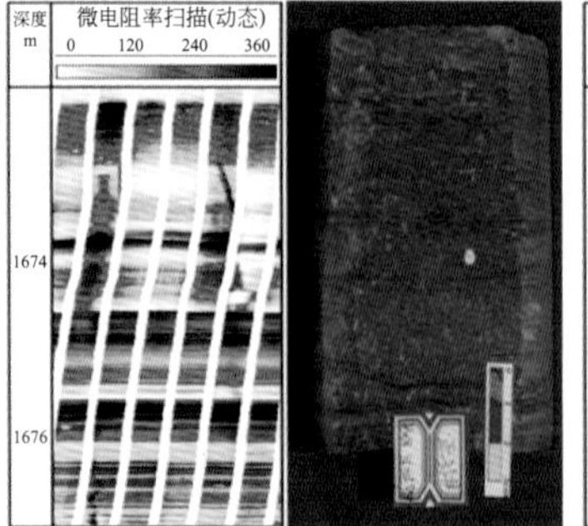

正31井延长组长8 1674.98m(高角度缝)

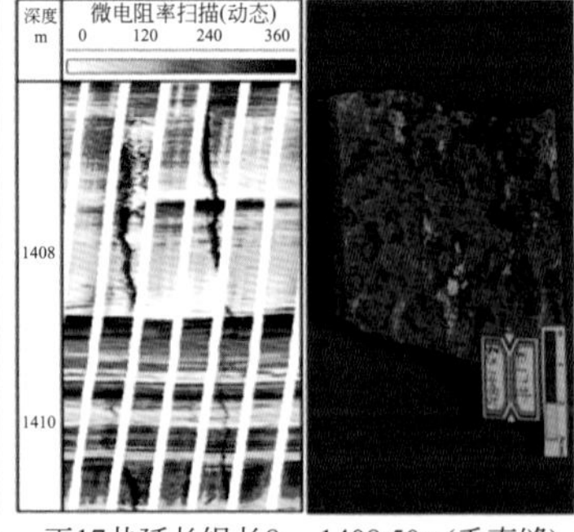

正17井延长组长8 1408.50m(垂直缝)

图 3-7 盆地南部盐池、正宁地区岩心照片及成像测井解释图

盆地南部中生界近年来进行了一次较为完整的裂缝研究。研究结果表明，裂缝主要发育垂直缝、水平缝及斜交缝三种，其中以垂直缝最为常见，局部岩心可见“X”形相裂缝。区域调查表明，这些裂缝在平面上可以分为NW、NE两组方向，其中NE向规模较大，延伸距离较长。微裂缝的展布特征由盆内走滑断裂带的展布方向一致，体现了走滑断裂及伴生裂缝在构造发育特征上的统一性。

二 野外露头证据

以往在盆地周缘出露区野外调查过程中，在延安地区中生界地质露头上发现有NW和NE向的棋盘式断裂体系，后来由于修建公路，这个经典的地质露头已被破坏。2021年，笔者在盆地东南缘的河津地区中生界延长组地层出露区，发现一个较为经典的花状构造（图3-8）。从远处观察，该处东西两侧地层岩性存在明显差异，西侧为坚硬的呈灰白色的砂岩地层，东侧则为灰黑色砂岩与泥岩互层。东西两侧不同颜色岩性相互接触的面即为走滑断裂的断面，断面直立，近似90°，断面走向为NW向。在靠近走滑断面的灰黑色砂泥岩互层中，可见花状构造。花状构造纵向上卷入厚约50m的砂泥岩软弱地层，向下收敛并继续延伸，横向上宽度变化较大，变化范围为20～30m。走滑断裂带内部的单条断层几乎无垂向断距，表现为破碎的特点。

以往盆地周缘野外地质考察很少关注走滑构造是否存在，加之走滑断裂本身判识难度大，这是鲜有类似报道的主要原因之一。如果带着走滑构造的观点去重新审视盆缘出露区的构造现象，可能会发现较多的走滑构造类型和样式。

三 盆内断裂的走滑标志

目前在盆地内部发现的断裂带在平面上多为雁列式展布，其中以古峰庄地区最为典型，类似的还有EHD三维区、EQCB三维区等。剖面上，这些断裂带多为花状或“Y”字形构造样式。这些都是盆内走滑断裂构造的典型标志，将在第四章进行详细论述，这里不再赘述。

四 盆内与盆缘断裂的接触关系

目前盆地部署的三维区中，EGFZ三维区和EYJL三维区实现了连片，并横跨了西缘冲断带和天环坳陷两个不同的构造单元，因此，针对这一连片三维区开展断裂构造研究。

(a) 不带解释方案

(b) 带解释方案

图 3-8　盆地东南缘河津地区中生界延长组出露地质剖面

由属性融合的长 7 段地层切片中可以看出（图 3-9），在 EGFZ 三维区的 NE 向断裂带向西延伸，可以进入西缘的于家梁三维区内。在 EYJL 三维区内，NE 向的复杂线性走滑断裂带与大型逆冲断裂近乎直交，在三维区内延伸距离超 100km。在两组断裂带交汇部位，逆冲断裂多发生弯曲。沿 NE 向走滑断裂带的横切地震剖面可以看出，在两组不同性质、不同级别断裂的交汇部位，清晰可见花状构造样式，走滑断裂内部的有些断裂被近南北向的逆冲断面所斜切。断裂向上延伸，切割白垩纪地层，向西延伸至古生界煤系地层附近终止，多为花状或“Y”字形构造样式。从走滑断裂带南北两侧的沉积地层厚度来看，均没有明显的同沉积现象或厚度上的差异，表明断裂形成的时间较晚。将 NE 向走滑断裂自西向东划分为西、中、东三段，通过对比可以看出，走滑断裂在靠近西缘的西段部位断距较大，变形较为剧烈，中段、东段构造变形及垂向断距均有所减小。

本研究通过综合分析认为，NE 向断裂和近 N—S 向的逆冲断裂形成于同一时间、统一的区域构造背景之下。在强大的东西向挤压应力作用下，盆缘部位的地层由于古生界煤系地层相对软弱，发生具有滑脱特征的构造变形，形成西缘山系及南北向逆冲断裂带。自南向北，由于横向挤压作用的方向和大小均存在差异，这就需要横向的、近东西向的走滑转换断裂来调节它们之间的构造变形不均，这是 NE 向走滑断裂产生的根本原因。在这里需要说明的是，盆地内部的 NW 向雁列式断裂向西也伸入盆地的西缘构造区而消失，同样具有横向调节转换的性质。这里分两种情况说明，如果 NW 向断裂形成的时间早于 NE 向，那么 NW 向断裂是早期盆缘古构造区的横向调节断裂，只是由于盆缘早期的古构造面貌已被后期改造叠加，很难再进行恢复。如果 NW、NE 向断裂是形成于同一时间、统一区域构造背景下的两组断裂系统，那么它们可看作具有共轭性质的两组走滑断裂带。

综上所述，盆地内部的两组方向断裂均具有走滑转换性质，且多具伸展走滑性质。这在以下章节的论述中会得到进一步证实。

五 与塔里木盆地类比

塔里木盆地塔中地区连片三维解释揭示：本区发育 NW 和 NE 向两组方向断裂带（图 3-10）。其中，NW 向断裂与塔中 Ⅰ 号断裂性质相同，具有逆冲推覆性质，断裂延伸距离长，控制了奥陶纪的沉积相带，判断其形成的最早时间为奥陶世。NE 向断裂带为典型的走滑断裂带，与 NW 向断裂近乎直交，综合判定其形成时间是在加里东—海西期。因此，综合分析认为，NW 向逆冲断裂与 NW 向走滑断裂形成时间相近，NE 向走滑断裂是 NW 向大型逆冲断裂的横向调节转换断裂。

鄂尔多斯和塔里木盆地目前在盆地内部或盆缘位置都发现了与大型逆冲断裂近乎直交的走滑断裂带，且形成时间相近，受控于统一的构造应力场。因此，通过两者的类比进一步说明鄂尔多斯盆地内部发育的断裂具有横向调节转换性质。

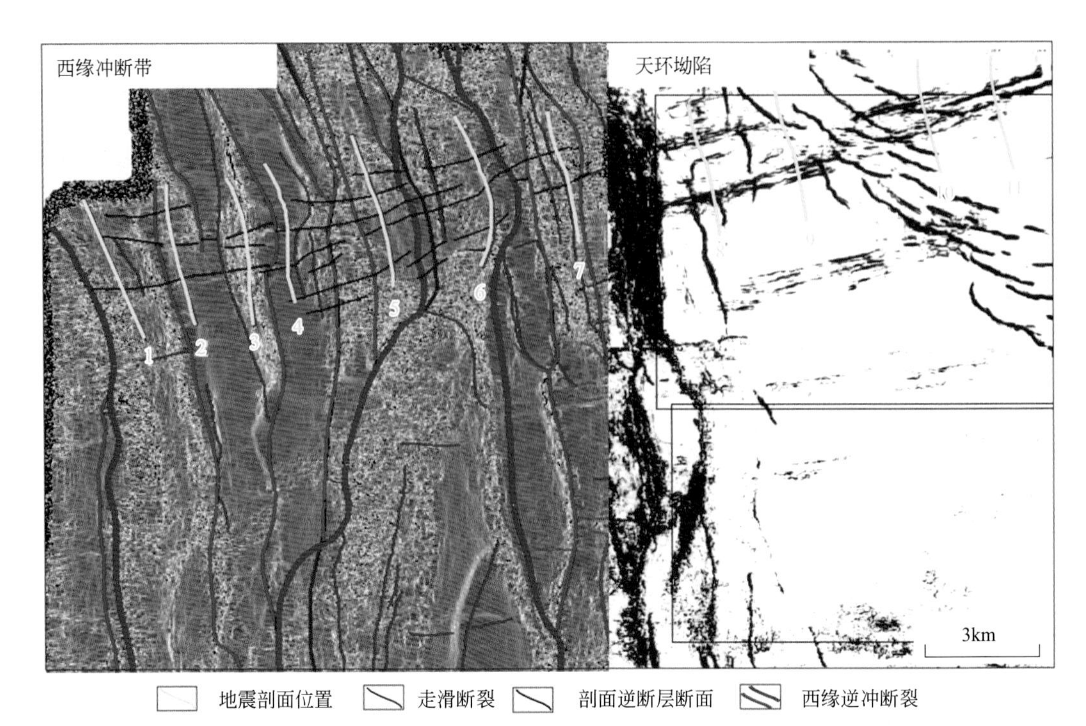

(a) EMJT—EGFZ三维区侏罗系底界反射最负构造曲率

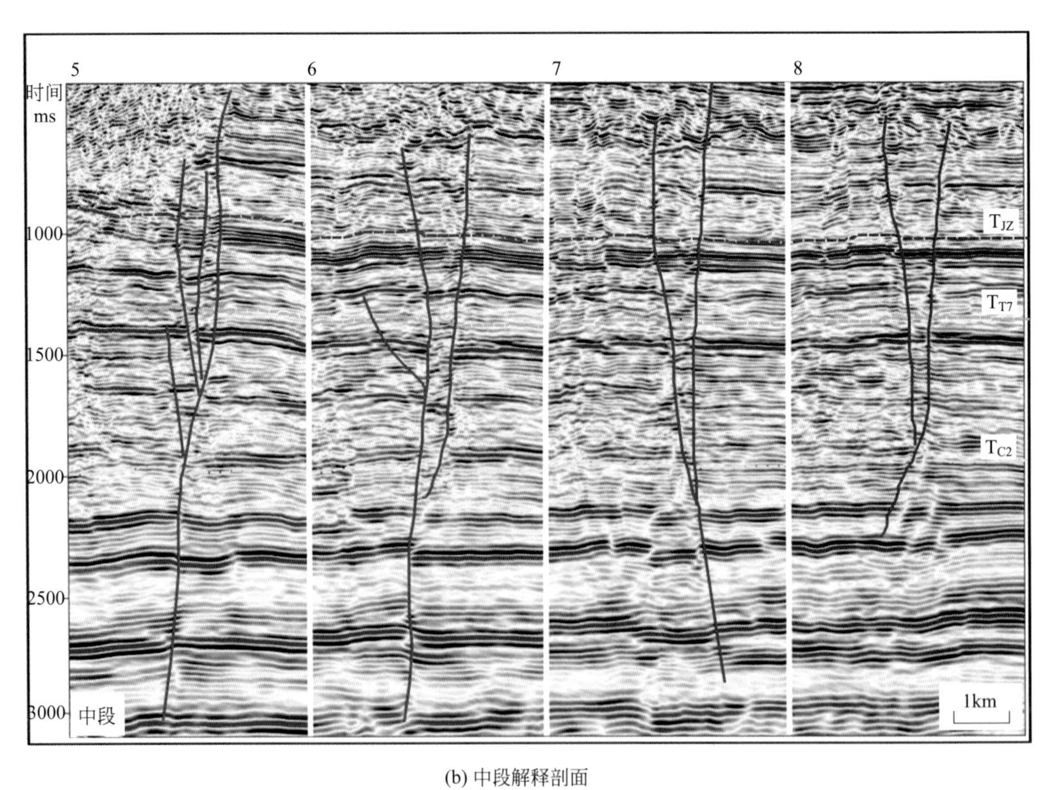

(b) 中段解释剖面

图 3-9　盆地西缘 EYJL 三维区至盆内 EGFZ 三维区地震断裂解释剖面

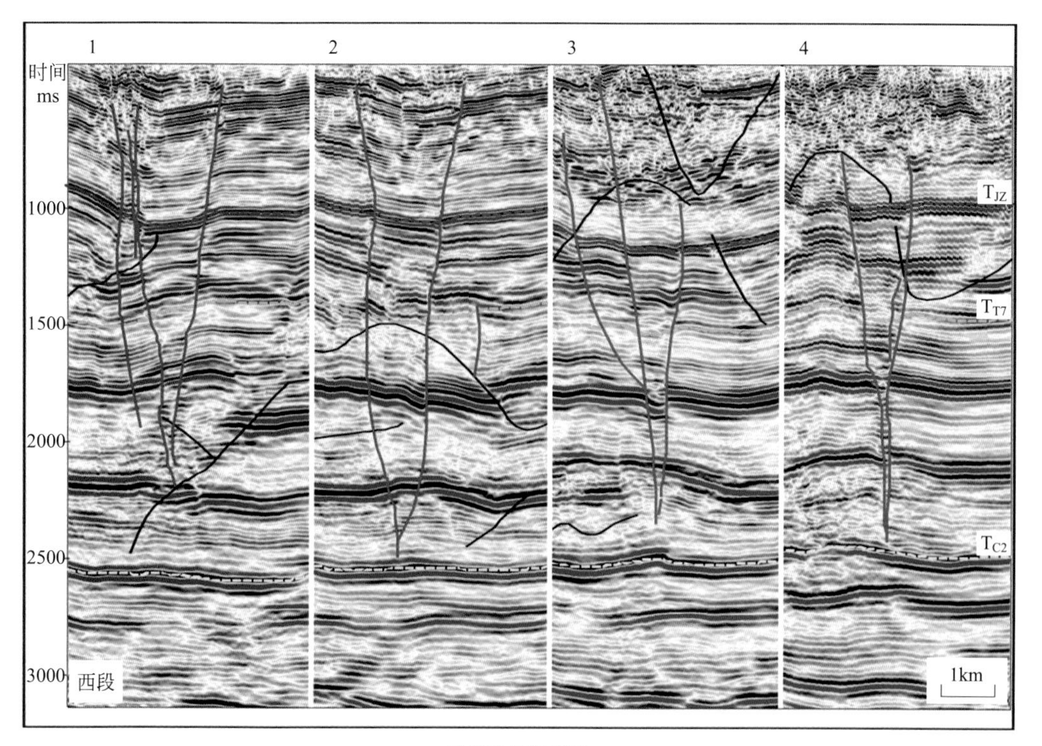

(c) 西段解释剖面

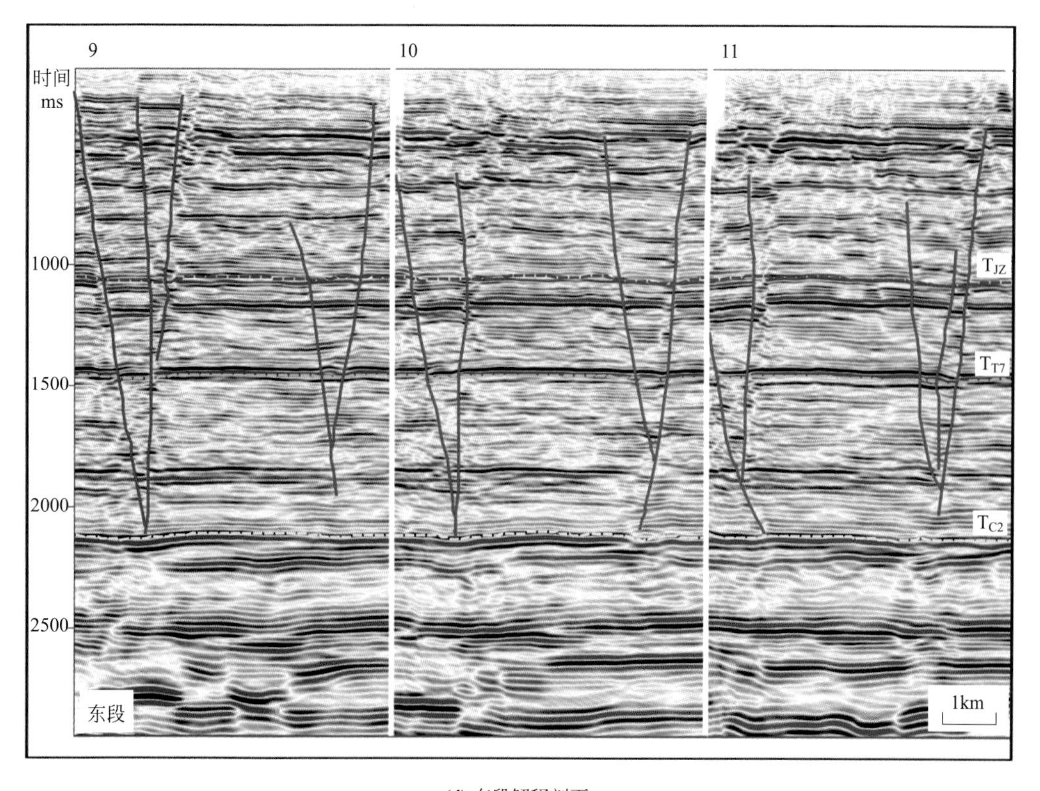

(d) 东段解释剖面

图 3-9　盆地西缘 EYJL 三维区至盆内 EGFZ 三维区地震断裂解释剖面（续）

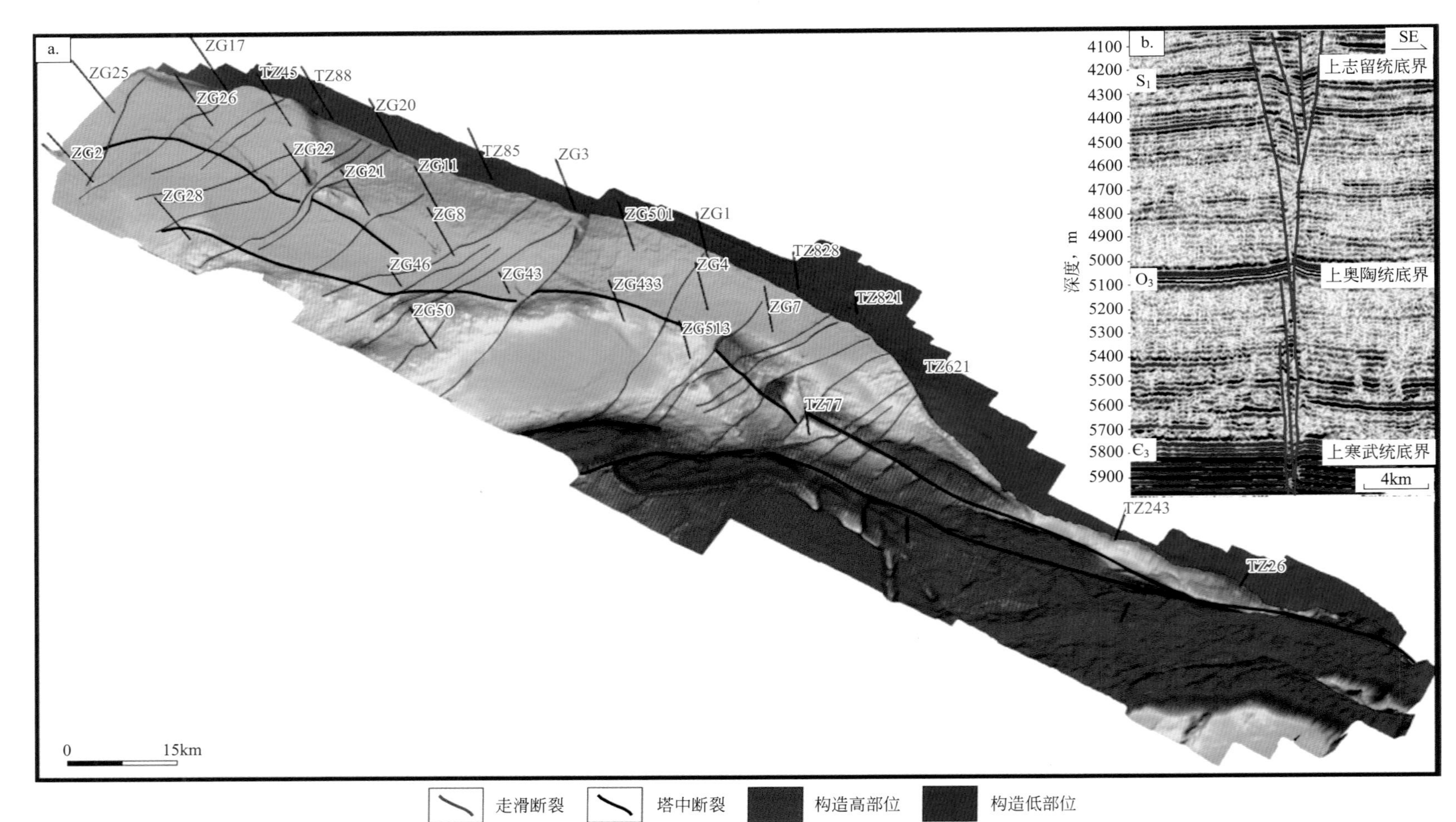

图 3-10 塔里木盆地塔中地区奥陶系走滑断裂分布平面特征与地震解释剖面

第四章 走滑断裂的基本特征

本章在对盆地内部走滑断裂平面展布规律和构造样式详细论述的基础上，总结了盆内走滑断裂的隐蔽性、分层性、分段性和分区性四大基本特征，同时，对比了鄂尔多斯盆地和四川盆地、塔里木盆地内部的走滑断裂的构造特征，认为这四大基本特征是克拉通内走滑断裂发育的共性特征。

第一节 平面与剖面构造特征

一 平面展布特征

对盆地西部13块三维分别提取寒武—奥陶系、石炭—二叠系、三叠系、侏罗系及白垩系以上各层系内敏感层段的属性融合切片，将相同层系的属性切片拼接到一起，分析盆内走滑断裂的展布规律，得出如下结论：盆内走滑断裂展布在石炭系以下、上三叠统及以上极具规律性，石炭系至中—下三叠统断裂不发育。纵向上可分为四大层段：(1) 寒武系至下奥陶统断裂系，该层段断裂展布规律明显，发育近N—S、NW和NE三组方向断裂系（图4-1、图4-2）；(2) 石炭系至中—下三叠统断裂系，该层段断裂不发育（图4-3、图4-4）；(3)（中）上三叠统断裂系，该层段发育NW、NE两组方向断裂系（图4-5、图4-6）；(4) 侏罗系及以上地层的断裂系，该层段主要发育NE向断裂系（图4-7、图4-8）。

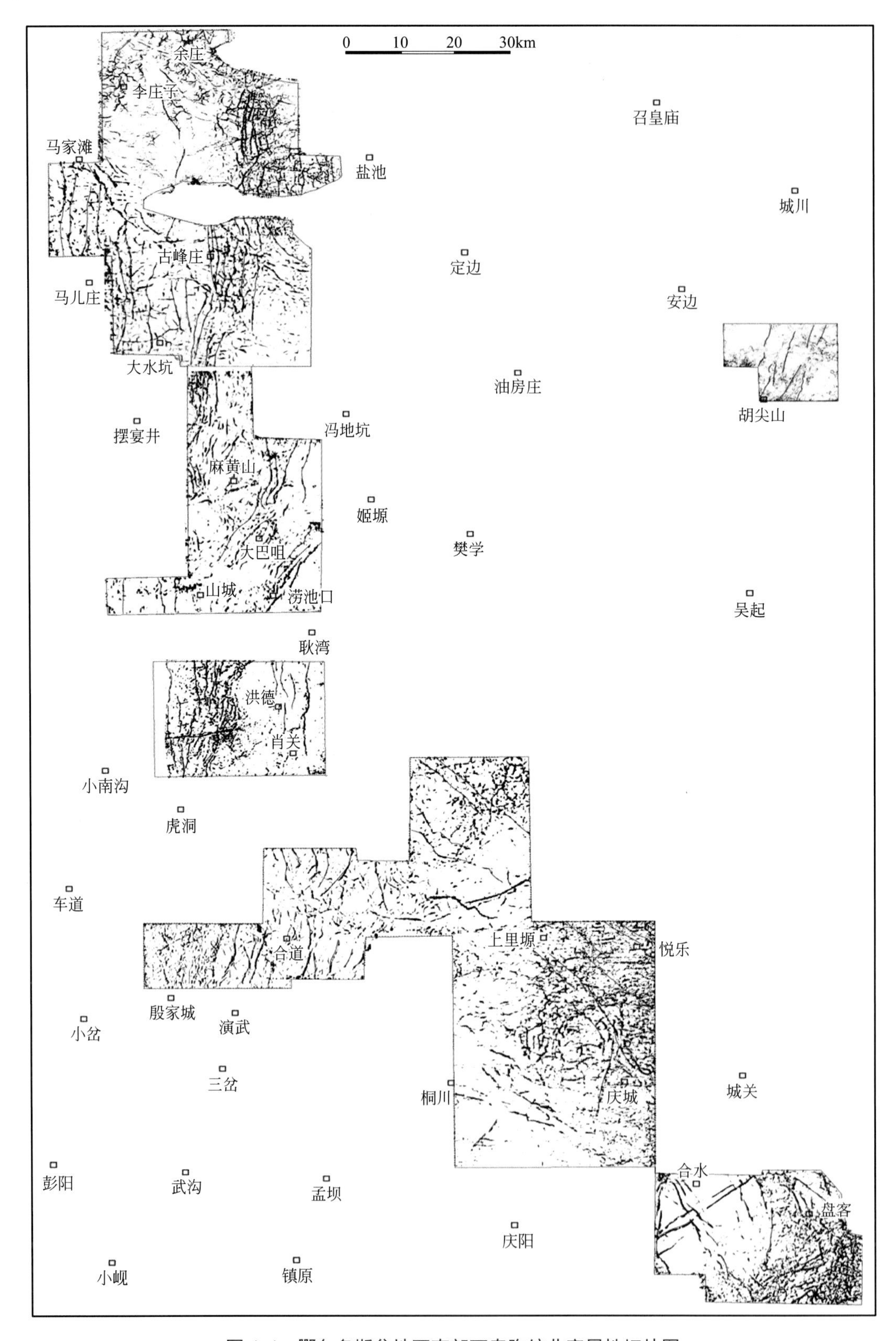

图 4-1 鄂尔多斯盆地西南部下奥陶统曲率属性切片图

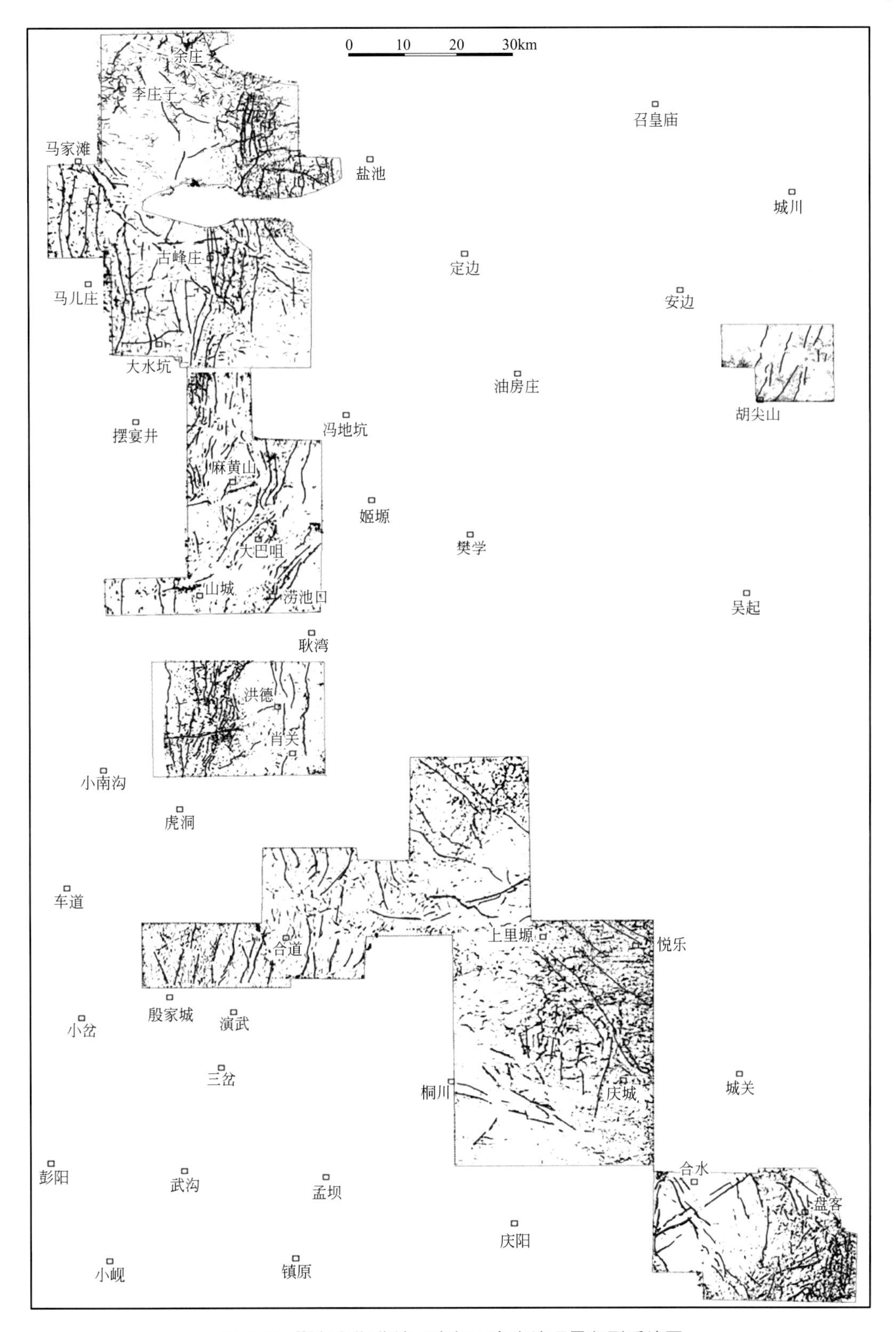

图 4-2 鄂尔多斯盆地西南部下奥陶统顶界断裂系统图

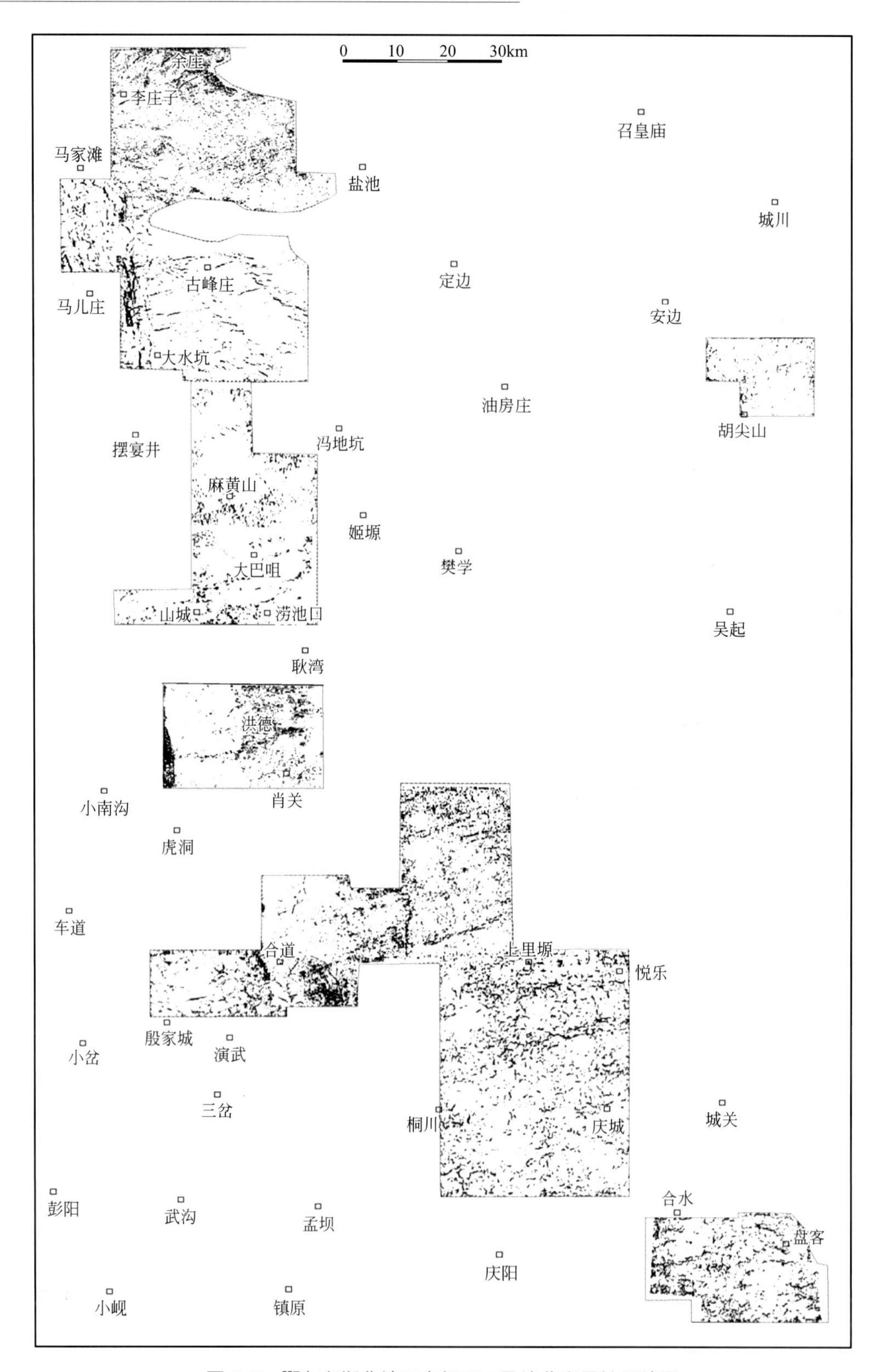

图 4-3 鄂尔多斯盆地西南部下三叠统曲率属性切片图

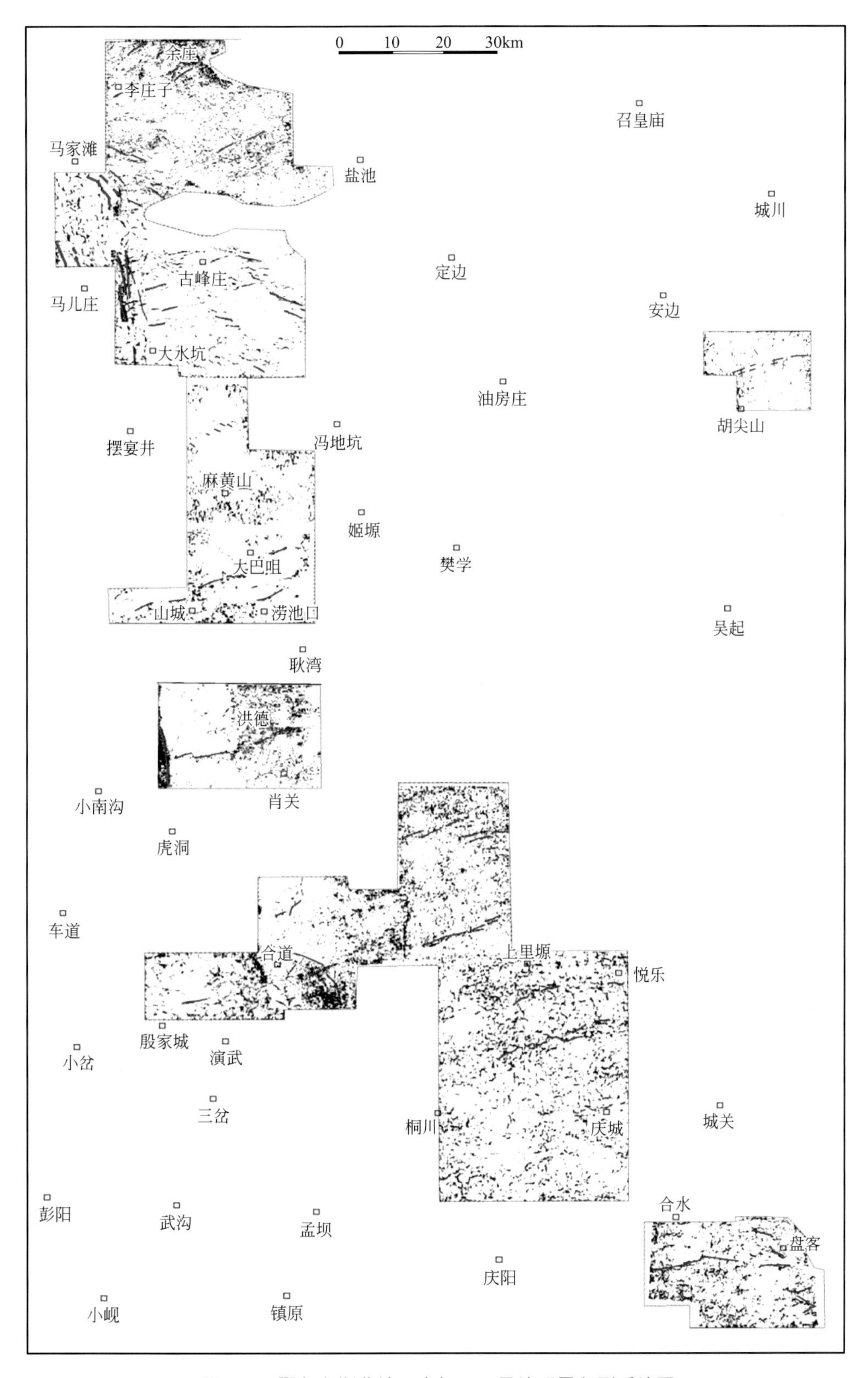

图 4-4 鄂尔多斯盆地西南部下三叠统顶界断裂系统图

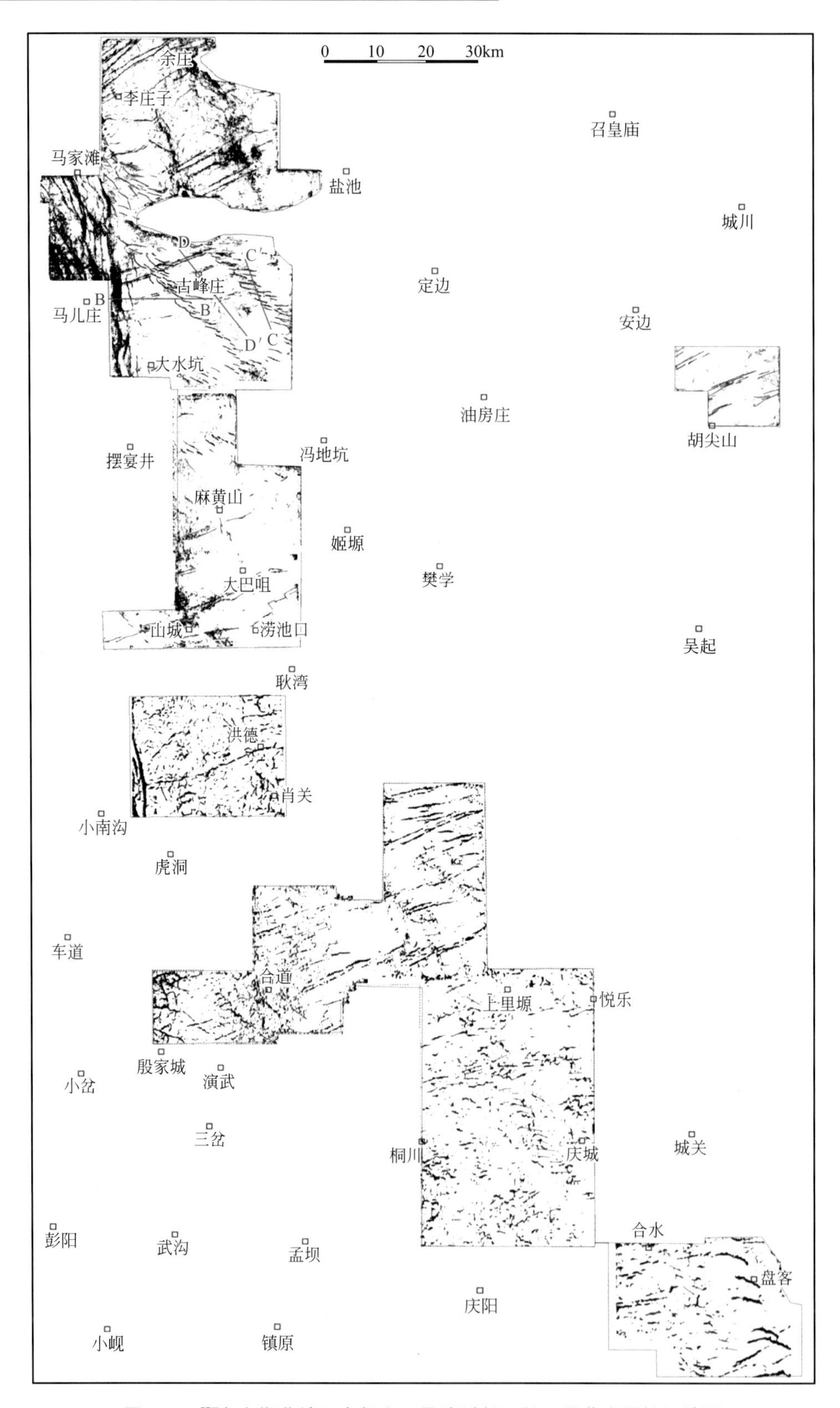

图 4-5　鄂尔多斯盆地西南部上三叠统延长组长 7 段曲率属性切片图

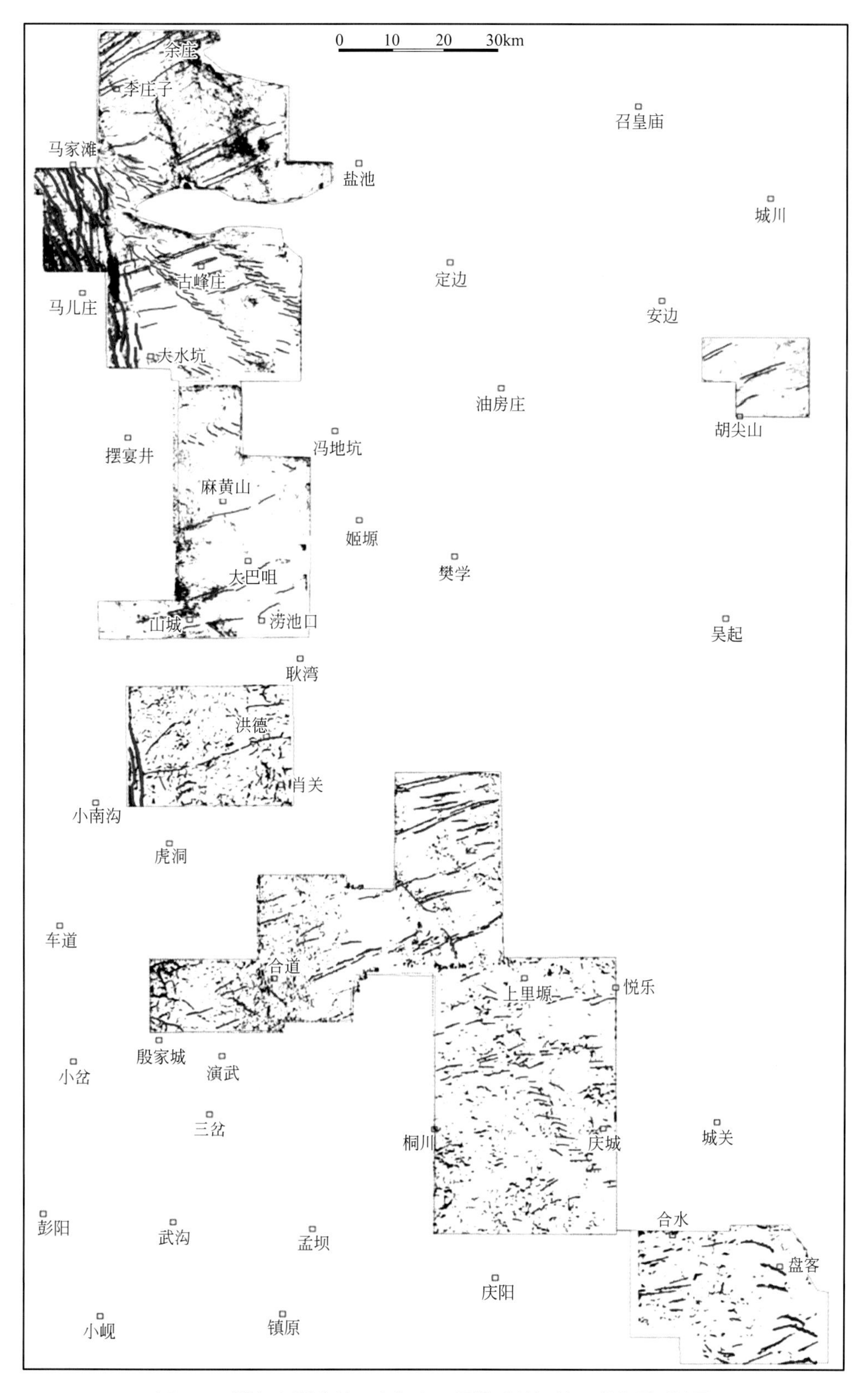

图 4-6　鄂尔多斯盆地西南部上三叠统延长组长 7 段断裂系统图

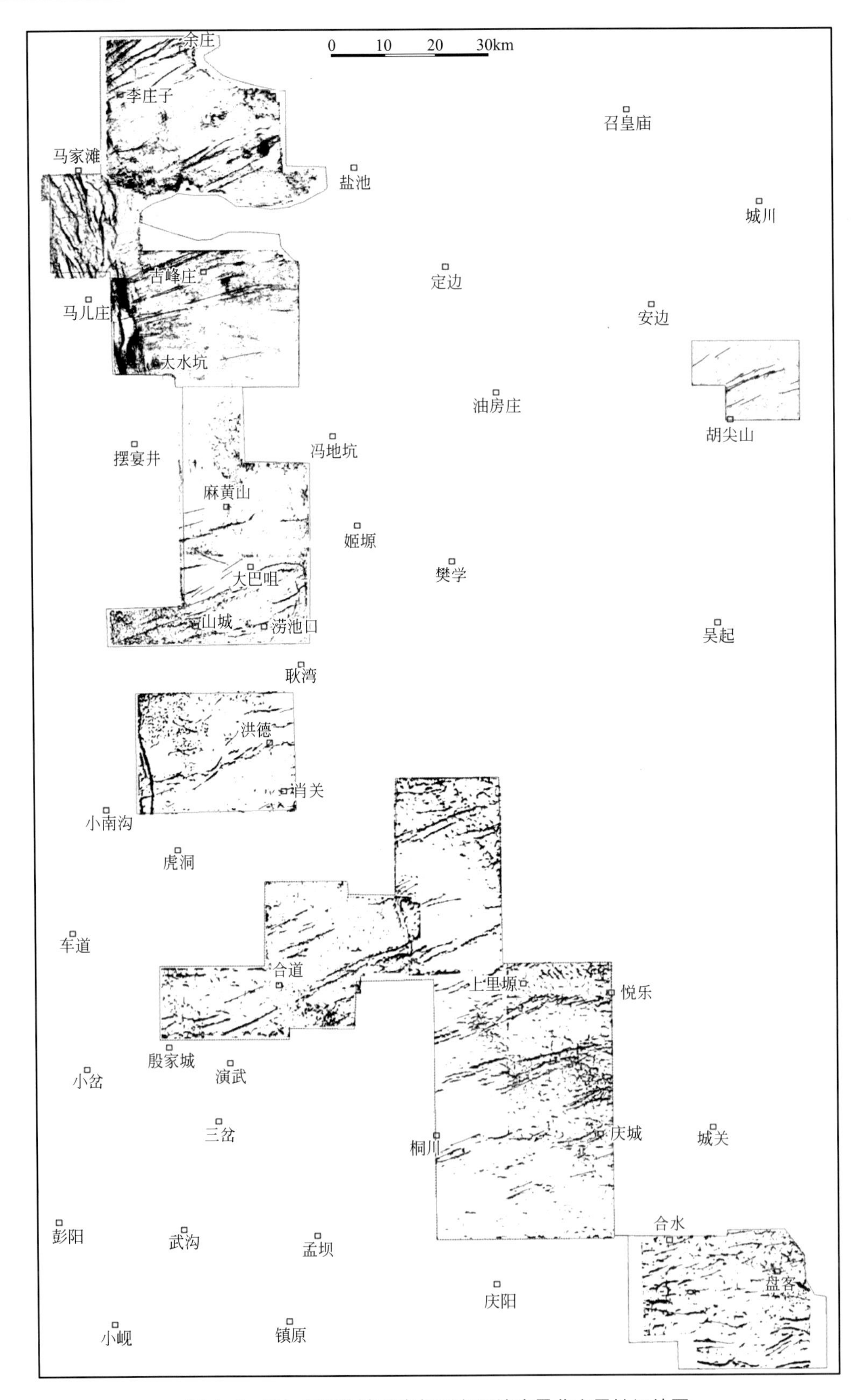

图 4-7 鄂尔多斯盆地西南部下白垩统底界曲率属性切片图

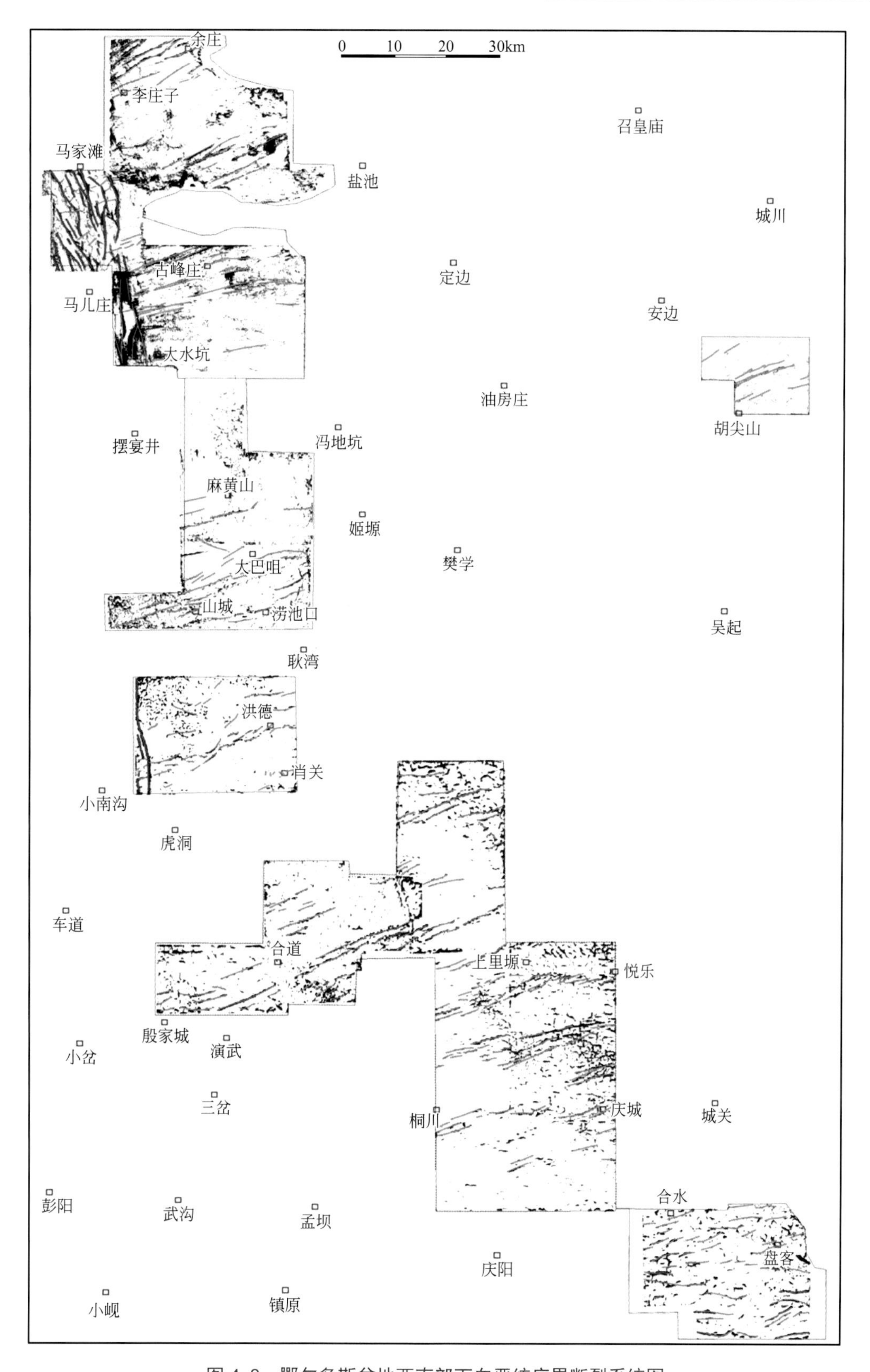

图4-8　鄂尔多斯盆地西南部下白垩统底界断裂系统图

（一）寒武系至下奥陶统断裂系

寒武系至下奥陶统之间各个层段内的断裂展布方向近似一致。该层段内共发育近N—S向、NW向和NE向三组方向的断裂系，其中，近N—S向断裂系可进一步细分为NNE向、正N—S向和NNW向三组（图4-2）。下面以奥陶系顶界断裂系为例分三组方向进行说明。

近N—S向断裂系在盐池—古峰庄一带表现为正N—S方向展布，至姬塬—麻黄山一带呈NNE向展布，再向南至洪德—环县地区走向未发生明显变化，也呈NNE向展布。环县向东至华池—庆阳一带，近N—S向断裂系走向发生明显变化，呈NNW向展布。

NW向断裂系在盐池西北地区隐约可见，至古峰庄地区该组方向断裂系较为清晰，为一组断续相连并呈线性规律展布的断裂系。在姬塬—麻黄山—洪德地区NW向断裂展布特征不明显，向南至环县—华池—庆阳地区清晰可见几组NW向断裂系。

NE向断裂系在盐池—古峰庄地区隐约可见，姬塬—麻黄山地区该组断裂展布特征也不明显。在洪德地区清晰可见一组NEE向断裂系，且切割了近N—S向断裂系。环县—华池—庆阳地区可见三组NE向断裂系，其中，庆阳之东的合水地区NE向断裂非常明显，且与NW向断裂相互切割，形成类似棋盘构造的展布特征。

（二）石炭系至中–下三叠统断裂系

以下三叠统顶界的断裂系为例进行说明（图4-4）。在下三叠统顶界层段内，依稀可见发育NW和NE两组方向断裂系。NW向断裂系在盐池—古峰庄地区隐约可见，其他地区几乎都不发育。NE向断裂系在华池—庆阳地区较盐池—古峰庄地区更明显，但该层段内的断裂系无论是和上覆层段或下伏层段的断裂系相比，都不能相提并论。综合分析认为，该层段内的断裂系主要为上三叠统及以上层段内断裂向下的延伸终止部分，或是下奥陶统层段内断裂向上延伸的终止部分，该层段内本身并不发育断裂。

（三）（中）上三叠统断裂系

（中）上三叠统发育NW和NE两组方向的断裂系，下面以上三叠统延长组长7段断裂系为例进行说明（图4-6）。NW向断裂系在古峰庄地区最为典型，表现为两组走滑雁列式断裂带。三维地震解释表明，靠西部的雁列式断裂带始于马家滩地区，经过红井子止于冯地坑一带，延伸长度约为70km；东侧雁列式断裂带始于李庄子以南地区，经过王洼子止于吴起一带，延伸长度约为110km。NW向雁列式断裂带由同方向的微小断裂定向排列组成，大致可以分为 2 组，单条断裂的长度在 1 ～ 1.5km。古峰庄地区以南的区域，NW 向的断裂特征不甚明显，隐约可见断续相连的线性断裂带，与古峰庄典型的雁列式断裂带形成鲜明的对比。但在南部的合水地区，发育一个由 6 条断裂构成的呈 NNW 向展布的雁列式断裂带。该组断裂带单条断裂的垂向断裂约为 60m，且由一组断裂定向排列构成，与古峰庄地区 NW 向雁列式断裂的构造特征存在差异。

NE 向断裂系几乎在全区发育，盐池—古峰庄地区的断裂走向为 NNW 向，表现为由 2 条近似平行的线性断裂构成的断裂带。在红井子—麻黄山地区，发育 2 条呈雁列式的 NE 向断裂带。综合分析认为，这是与 NW 向雁列式断裂带产生的共轭断裂系。南部环县地区的 NE 向断裂带也比较发育，至华池—庆阳—合水一带，NE 向断裂带更为破碎，规律性明显变差。

总之，（中）上三叠统断裂系的展布规律性强，仅在庆阳—华池一带的规律性较差，尤其是在古峰庄、合水地区发现 NW 向展布的雁列式断裂带，有力证实了盆内 NW 向断裂为走滑断裂系。

（四）侏罗系及以上地层断裂系

侏罗系及以上地层只发育 NE 向断裂系，以下白垩统底界断裂系为例进行说明（图 4-8）。该组断裂系在李庄子以北呈 NNE 向展布，在古峰庄—麻黄山一带呈 NEE 向展布，每一条断裂带都由 2 条近似平行的、断续相连的线性断裂构成。在洪德—环县地区发育 2 组 NE 向展布的雁列式断裂带，断裂带在三维区长度为 30 ～ 50km，由多条 NE 向断裂定向排列组成，每条断裂的长度一般在 1 ～ 2km。在华池以西发育一组大型 NE 向展布的雁列式断裂带，该条断裂带在三维区长度为 50 ～ 80km，由 4 ～ 5 条北东向断裂定向排列组成，每条断裂的长度一般在 3 ～ 5km，其规模明显大于环县地区的雁列式断裂带。华池以南区域 NE 向断裂系的展布规律不如华池以北的明显，但其仍具规律性。

将侏罗系及以上地层断裂系与（中）上三叠统断裂系对比可以看出，古峰庄地区的上三叠统层段内的 NW 向雁列式断裂系向上已经消失，环县—华池地区的上三叠统层段内的 NE 向线性断裂系向上已经转变为雁列式断裂系，在庆阳—合水地区的上三叠统层段内，规律不甚明显的 NE 向断裂系向上已逐渐具有规律性，两个不同层段内的断裂展布规律存在很大的差别。

总之，侏罗系及以上地层虽然只发育一组 NE 方向的断裂系，但其断裂展布的规律性总体要好于下伏的（中）上三叠统断裂系。另外，两个层段内的断裂系在发育组数、展布方向及断裂性质上都发生了很大的变化，表明区域应力场已发生了较大的改变，两个层段内的断裂系应属于不同期次的断裂系统。

二 剖面构造样式

目前，在盆地内部的多块三维区内，均发现了具有走滑标志的花状和“Y”字形构造样式。在这些各具特点的构造样式中，尤以 EGFZ 三维区的构造样式最为典型，也最具代表性，总体可分为顺向或反向断裂、负花状和“Y”字形三种。

（一）顺向或反向断裂

顺向断裂是指断面倾向与地层倾向一致的断裂，反向断裂是指断面倾向与地层倾向相反的断裂（韦丹宁等，2016）。在盐池地区，由于石炭纪煤系地层在地震剖面上本来就近似水平，因此，石炭纪煤系地层之下的地层起伏形态基本就代表了当时的古地形。由图 4-9 可以看出，当时的古地形西低东高，寒武纪和奥陶纪地层都有向西逐渐加厚的趋势，顺向断裂与反向断裂发育于西倾地层之上，断裂的性质有正、逆和反转三种。正断层的垂向断距在 20m 左右，大部分可向下延伸，有些只断穿寒武—奥陶纪地层；逆断层的垂向断距在 20 ～ 40m 之间，有的可持续向下延伸，有的为寒武—奥陶系的层间断层；反转断层的垂向断距在 20 ～ 100m 之间，几乎都可向下延伸。

生长于西倾地层上的顺向和反向断裂，断裂两侧的地层厚度存在差异，具有同沉积性质。有的断裂两侧寒武纪地层的厚度差异大，有的断裂奥陶纪地层的厚度差异大。尤其是在反转断层的两侧，两套地层的厚度差异最大，同沉积作用也表现得最为明显。需要说明的是，顺向或反向断裂同时也可能具有一定的走滑性质。

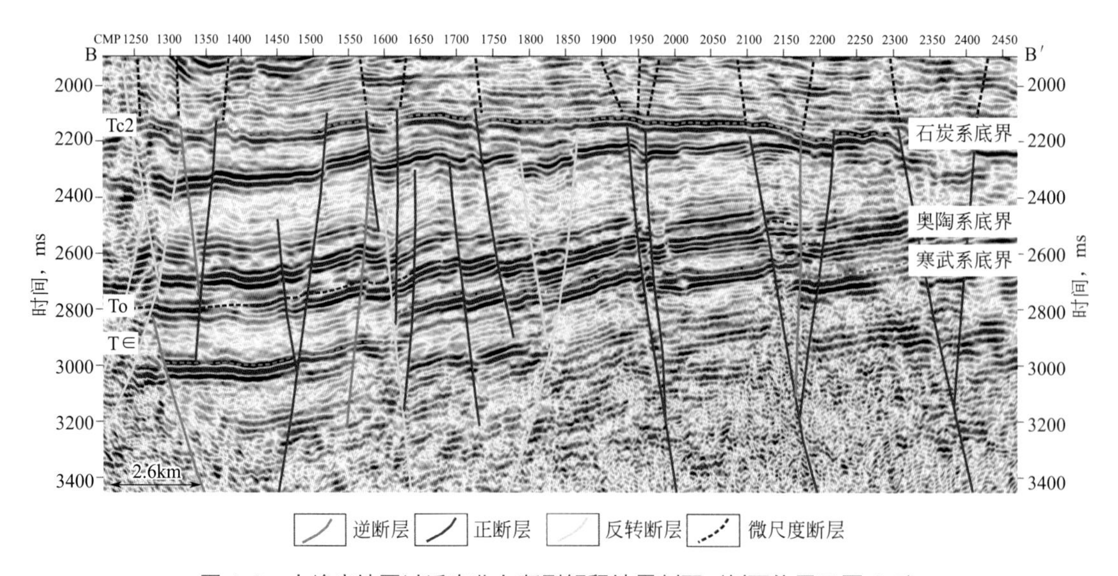

图 4-9 古峰庄地区过近南北向断裂解释地震剖面（剖面位置见图 4-5）

（二）负花状构造样式

盆地西南部的盐池、庆城和合水地区，在地震剖面上都可见负花状构造，尤其以盐池地区的最为典型（图 4-10）。整个花状构造主要发育于中生代地层中，具有下部狭窄、上部宽大的特点。具体来说，在古生代地层，可见走滑断裂的根部，断裂进入石炭系—中下三叠统后，断裂特征不发育。在整个上三叠统地层中，花状构造表现最为明显的，断裂持续向上发展，至延长组长 7 泥岩段附近，断裂的垂向断距最大，可达 60m 以上，花状构造的核部为一个小型隆起，两侧是由断裂样式相同、倾向相反的四条断裂构成的对称结构。至侏罗系底部附近地层已近似水平，未发生构造变形，标志着花状构造发育阶段的终止。侏罗系上部地层也发育两侧对称的四条断裂，貌似也是花状构造的组成部分。但综合分析认为，这些断裂在性质、走向等方面与花状构造差异明显，深部具有一定的先存断裂，侏罗系以上的 NE 向断裂可能与花状构造是不同期次的断裂系统。

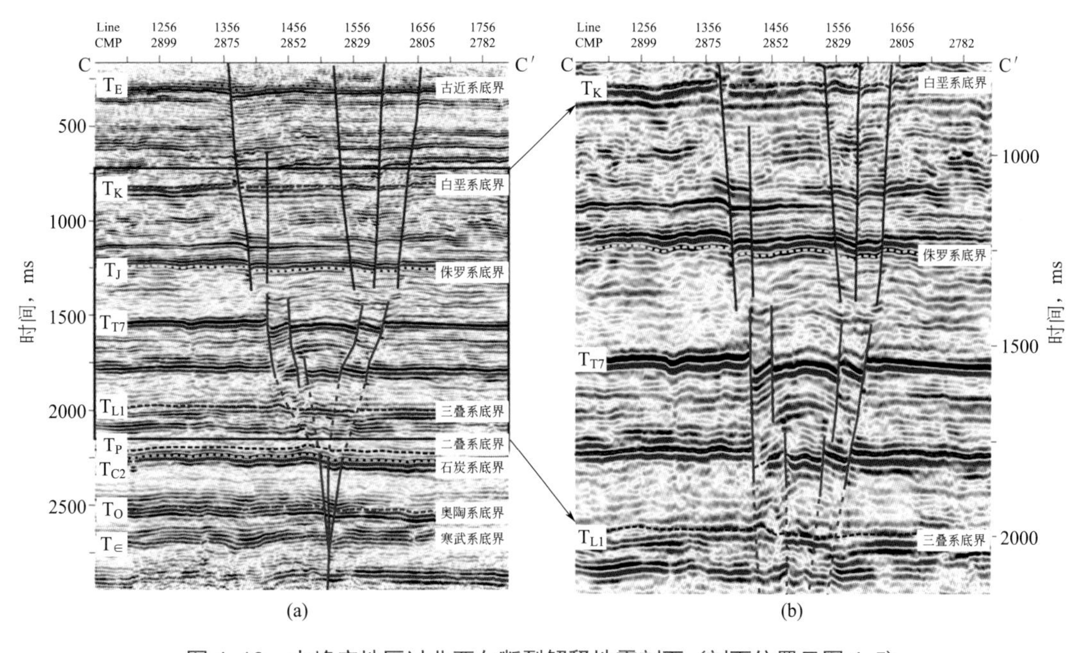

图 4-10　古峰庄地区过北西向断裂解释地震剖面（剖面位置见图 4-5）

由图 3-1 可以看出，花状构造在平面上呈雁列式规律展布，在长 7 段现今构造图上表现为一个中部凸起、两侧下陷的负花状构造。因此，综合判断该花状构造样式是在左行走滑伸展作用下形成的。该组雁列式走滑断裂系的两侧并无限制性断裂系同样也说明走滑伸展应力是由断裂系内部逐渐向两侧位置传递和扩展的。

（三）“Y”字形构造样式

侏罗系及以上地层的NE向断裂系在盆地西南部分布最广，在地震剖面上表现为具有正断性质的“Y”字形构造样式，以盐池地区为例进行说明（图4-11）。地震剖面上，北东向断裂系上宽下窄，在古生代地层中，该组断裂系一般由两条相向的断裂构成，垂向断距较大，平均断距约为30m左右。石炭系至中下三叠统中，断裂的垂向断距急剧变小，具有明显的分层特征。（中）上三叠统，该组断裂系的垂向断距又急剧加大，在下白垩统中垂向断距可达40m，而且断裂系的条数和组数明显增多，宽度也明显增大。古峰庄地区新生代地层缺失，断裂向上构造样式无明显变化。由此可见，NE向断裂系在早白垩世活动强度最大，断裂构造特征最为明显。

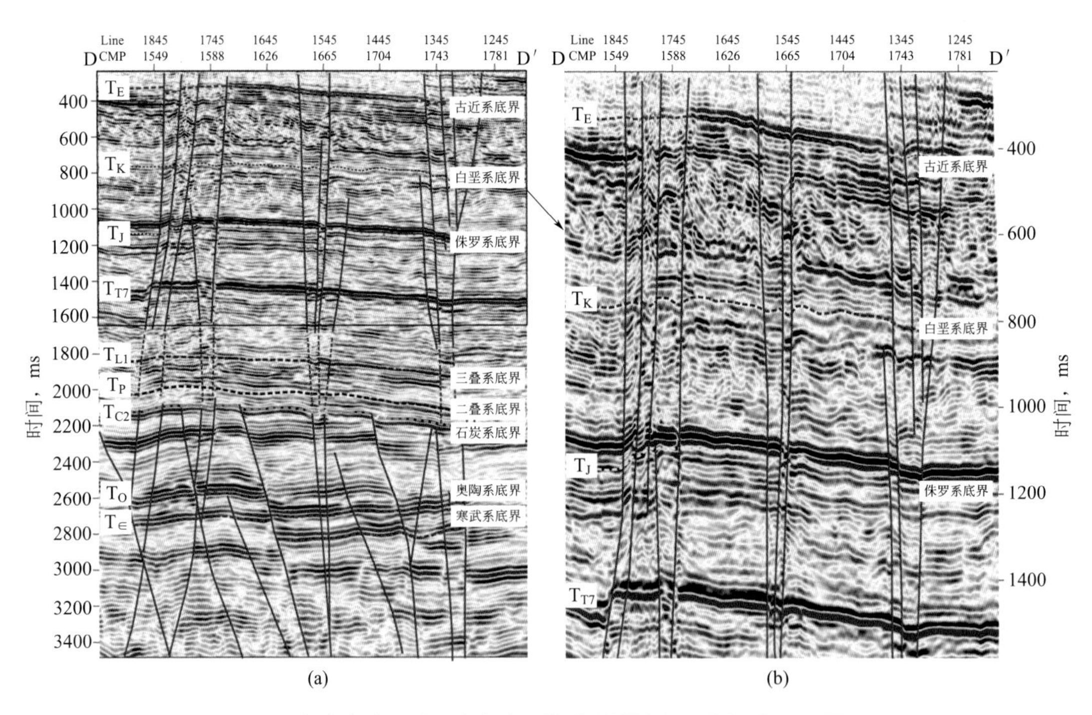

图4-11 古峰庄地区过北东向断裂解释地震剖面（剖面位置见图4-5）

综合分析认为，NE向断裂系的“Y”字形构造样式是在张剪应力作用下形成的。首先，在“Y”字形构造样式的核部，错断地层几乎都为陡倾断裂的上盘，这在平面上表现为核部地层具有明显的“下陷”特点（图3-1）；其次，“Y”字形构造样式的核部地层几乎都向一个固定的方向倾斜，并与区域上错断地层的整体倾斜方向一致，这表明核部地层先是在张性的应力作用下发生错断，然后在重力的作用下，错断地层发生倾斜，整体形成具有明显张剪性质的“Y”字形构造样式。

第二节　走滑断裂发育的基本特征

在对盆内断裂展布规律和构造样式论述的基础上，进一步对走滑断裂的构造特征进行总结，明确盆内走滑断裂具有四个方面的基本特征，即整体隐蔽性、垂向分层性、走向分段性、平面分区性。

整体隐蔽性

盆地内部断裂尺度较小、隐蔽性很强，垂向断距一般不超过 60m，断面陡直，一般大于 70°，水平断距很小，一般不超过 20m，断裂带内单条断裂的长度一般在 1 ～ 5km，个别断裂长度在 10km 以上。单条断裂的性质可为正断层、逆断层或扭动断层。这里所谓的扭动断层指的是在盆内发现的兼有倾向相反的弯曲断面的同一条断层。下面以 EGFZ 三维区和 EQCB 三维区为例进行说明。

EGFZ Ⅲ期三维区不同构造层分别发育 NW、NE 和近 N—S 三组方向断裂（表 4-1，图 4-12）。其中，NE 向断裂切穿白垩系以上地层，单条断层多为正断层，垂向断距 12 ～ 47m，水平断距 0 ～ 20m，断面倾角 60° ～ 70°，延伸距离 2 ～ 17km。NW 向断裂主要切穿三叠系和侏罗系，单条断层以正断层为主，局部可见逆断层，垂向断距 15 ～ 50m，水平断距 5 ～ 35m，断面倾角 58° ～ 79°，延伸距离 1 ～ 5.5km。近 N—S 断裂主要切穿寒武系和奥陶系，单条断层为正断层，垂向断距 25 ～ 47m，水平断距 8 ～ 21m，断面倾角 62° ～ 69°，延伸距离 2 ～ 5.3km。EQCB 三维区位于古峰庄东南方向，不同构造层断裂展布方向、切穿层位与 EGFZ Ⅲ期三维区的相同（表 4-2、图 4-13）。其中，NE 向断裂的垂向断距 30 ～ 54m，水平断距 15 ～ 30m，断面倾角 56° ～ 66°，延伸距离 3 ～ 25km。NW 向断裂有正、逆断层两种，垂向断距 4 ～ 36m，水平断距 2 ～ 20m，断面倾角 60° ～ 80°，延伸距离 1.8 ～ 10.1km。近 N—S 的单条断层以逆断层为主，垂向断距 8 ～ 34m，水平断距 6 ～ 30m，断面倾角 48° ～ 59°，延伸距离 6.8 ～ 21.8km。

由此可见，鄂尔多斯盆地内部断裂整体来讲尺度较小，隐蔽性很强。统观鄂尔多斯盆地内部的微小断裂系统与周缘构造单元的大型断裂系统，可将整个盆地断裂划分为三个级别。第一级别为西缘冲断带的近南北向大型逆冲断裂及周缘小型断陷盆地的大型正断层，这些断裂的垂向断距可达上千米，同时也具有一定的水平断距，往往是控制盆地、坳陷的边界断层。第二级别为盆地周缘向盆地内部过渡区域的走滑断裂系统，这些断裂往往是西缘冲断带近东西向的转换断层，向盆地内部延伸较远，沿地震相干时间切片大部分地区可见水平滑移距，一般小于 1km，纵向上该类断裂向下切穿层位较深，可由白垩系断至寒武一奥陶系，垂向断距在 30 ～ 50m，断面陡直，水平断距很小，往往是控制古地貌形态或构造圈闭的断层。第三级别为盆地腹部的剪切断裂系统，这些断裂的尺度最小，大多仅表现为地层的褶曲而非错断，从地震相干时间切片上几乎无法识别水平滑移距离，平面上仅表现为一定宽度内地层的破碎。同时，这类剪切断裂系统断穿的层位一般为白垩系至（中）下三叠统，在有些地区断裂向下切穿的层位具有从盆缘向盆内逐渐变浅的趋势。

表 4-1　EGFZ Ⅲ期三维区不同方向（不同构造层）断裂属性统计表

三维区	序号	断裂	切穿层位	断层性质	垂直断距 m	水平断距 m	断面倾角 （°）	平面延伸 长度，km
EGFZ三维区	1	NE	侏罗系及以上（测量以白垩系底界为准）	正断层	46.8	20	66.9	16.6
	2			正断层	14.4	5	70.9	3.8
	3			正断层	12.6	6	64.5	3.5
	4			正断层	21.6	10	65.2	1.6
	5			正断层	19.8	10	63.2	9.6
	6			正断层	12.6	5	68.4	2.35
	7			扭动断层	27	15	60.9	5.12
	8			正断层	26	14	61.7	7.2
	9	NW	中—上三叠统（测量以延长组长 7 泥岩顶为准）	正断层	45	22	63.9	5.45
	10			正断层	25.2	5	78.8	3.14
	11			正断层	46	16	70.8	3.62
	12			逆断层	21.6	10	65.2	0.97
	13			扭动断层	48.6	30	58.3	4.3
	14			正断层	36	20	60.9	1.98
	15			正断层	55.8	35	57.9	1.53
	16			扭动断层	40	15	69.4	4.64
	17			正断层	14.4	10	55.2	0.93
	18	近 N—S	寒武系至奥陶系（测量以奥陶系底为准）	正断层	46.8	18	69	2.25
	19			正断层	16.2	8	63.7	5.28
	20			正断层	38	16	67.2	2
	21			逆断层	39.6	21	62.1	3.36
	22			正断层	39.6	18	65.6	3.86
	23			正断层	27	13	64.3	2.42
	24			逆断层	25.2	12	64.5	2.3

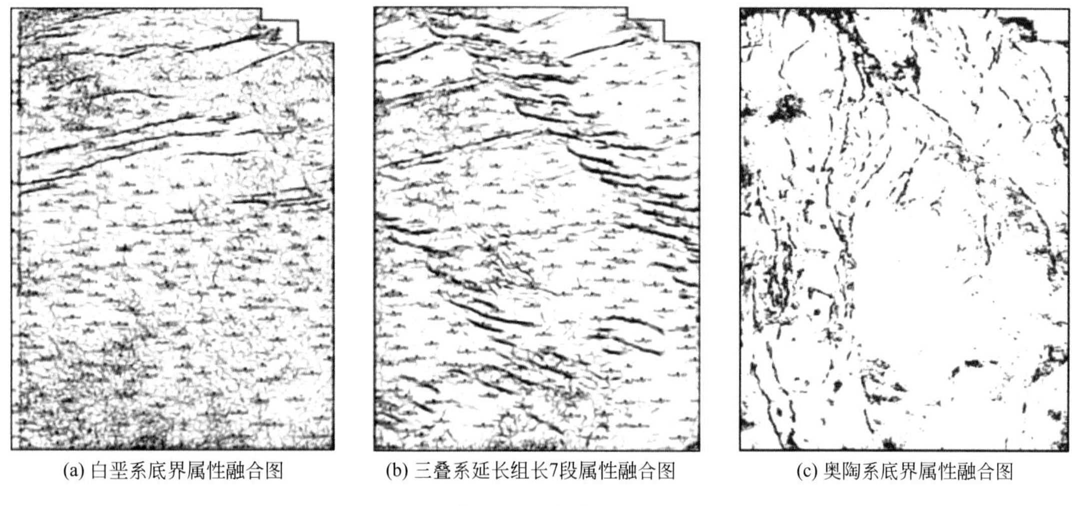

(a) 白垩系底界属性融合图　　(b) 三叠系延长组长7段属性融合图　　(c) 奥陶系底界属性融合图

图 4-12　EGFZ 三维区不同构造层断裂相关属性融合图

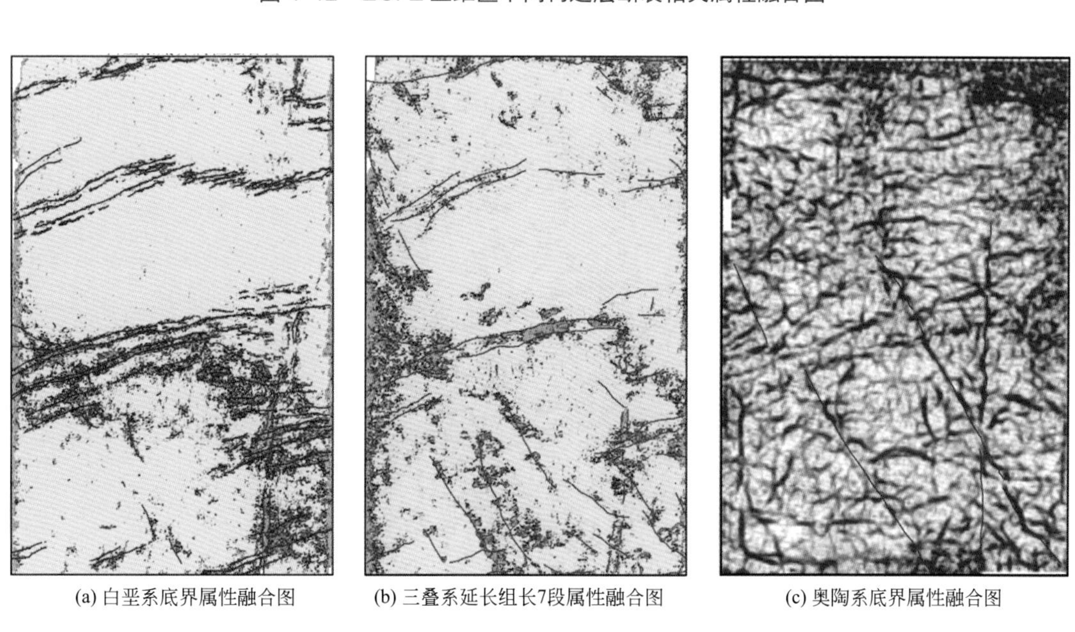

(a) 白垩系底界属性融合图　　(b) 三叠系延长组长7段属性融合图　　(c) 奥陶系底界属性融合图

图 4-13　EQCB 三维区不同构造层断裂相关属性融合图

鄂尔多斯盆地断裂的分级特征具有一定的规律性，大致表现为由盆缘向盆内断裂级别逐渐变小的总体趋势，断裂的性质也由逆冲断层、走滑断层向剪切断层逐渐转变，这体现了应力由盆缘向盆内逐渐变小的总体规律。由于克拉通内部和外部基底构造的差异很大，挤压应力在盆缘基底较为软弱的构造背景下易形成大型逆冲或伸展性质断层，在盆地内部却由于坚硬基底所围限的块体的阻挡作用，在块体发生旋扭构造变形的同时，在盆地内部也会伴生统一应力场控制下的走滑或剪切断裂系统。这是鄂尔多斯盆地断裂在平面上具有分级及性质转化特征的主要原因，也充分体现了克拉通断裂发育特征的特殊性。

表 4-2　EQCB 三维区不同方向（不同构造层）断裂属性统计表

三维区	序号	断裂走向	切穿层位	断层性质	垂直断距 m	水平断距 m	断面倾角 (°)	平面延伸长度 km
EQCB 三维区	1	NE	侏罗系及以上（测量以白垩系底界为准）	正断层	54	30	60.9	12.5
	2			逆断层	30	15	63.4	4.7
	3			正断层	50	30	59	12.7
	4			正断层	40	20	63.4	3.8
	5			正断层	30	20	56.3	11.3
	6			正断层	44	20	65.6	24.7
	7	NW	上三叠统（测量以延长组长7泥岩顶为准）	逆断层	10	4	68.2	2.9
	8			正断层	16	4	76	10.1
	9			扭动断层	6	2	71.6	8.5
	10			逆断层	4	2	63.4	5.3
	11			逆断层	22	10	65.6	2.8
	12			逆断层	36	20	60.9	4.4
	13			逆断层	28	5	79.9	1.8
	14			正断层	42	20	64.5	7.6
	15	近 N—S	寒武系至奥陶系（测量以奥陶系底界为准）	逆断层	10	6	59	18.8
	16			逆断层	8	10	38.7	21.8
	17			逆断层	10	8	51.3	15.1
	18			正断层	34	30	48.6	6.8

二　垂向分层性

如上所述，以寒武—奥陶系、（中）上三叠统、侏罗系及以上地层各个层段内的属性融合切片为依据，对下奥陶统顶界、三叠系延长组长 7 段、白垩系底界三个层段内的断裂系统进行解释，然后进行纵向叠合，进一步明确断裂在空间上的结构构造特征。如图 4-14 所示，在靠近盆地西缘的边部，近 N—S 向断裂系在整个沉积盖层中发育，大部分地区继承性发育。在马家滩地区，由于受古生界煤系地层的纵向阻隔作用，上、下断裂体系在展布方向还存在一定的差异。在远离西缘的盆地内部，断裂的垂向继承性不明显，表现为断裂的垂向分层特征。三大层段内的 NW 和 NE 向断裂系统，无论就其展布方向、排布特征还是发育位置上都存在较大的差别。

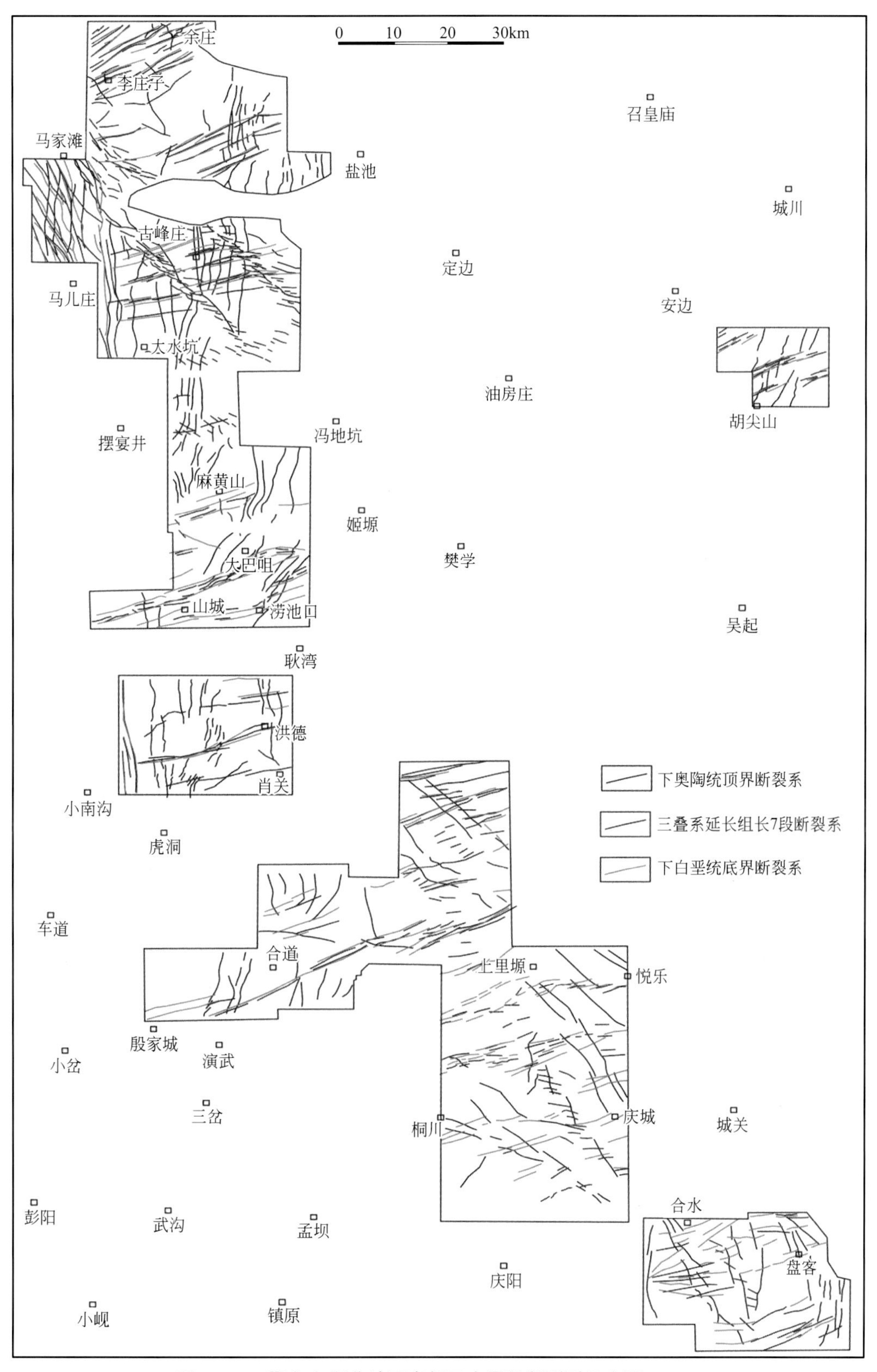

图 4-14　鄂尔多斯盆地西南部三大层段断裂系叠合图

以古峰庄Ⅱ期（满覆盖面积 330km^2）为例进行说明。由图 4-15 可以看出，侏罗系及以上地层内，断裂主要呈 NE 向的线性排列，盆缘发育很少几条近 N—S 向的逆冲断裂；（中）上三叠统层段内，盆内断裂呈 NW 向雁列式和 NE 向线性展布，但 NE 向断裂不及 NW 向断裂垂向断距大，主要表现为 NE 向断裂的属性响应特征不明显；石炭—二叠系至下三叠统层段内，盆内断裂不发育，盆缘依稀可见西缘几条逆冲断裂；寒武—奥陶系层段内，盆内发育近 N—S 向并呈断续状相连的线性断裂，同时可见 1 条 NW 向连续的线性断裂，盆缘的西缘逆冲断裂不清晰。从地震剖面上看，大致以二叠系底部的煤系地层为界，上、下地层的断裂构造样式完全不同（图 4-16）。煤系地层以下，在碳酸盐岩地层整体向西倾伏的宏观构造背景下，发育西倾、东倾的阶状或反阶状断层，断层性质以正断层为主，局部可见逆断层或反转断层。煤系地层之上，盆缘可见逆冲及反冲断层挟持的断块，断面高陡，约为 60°，垂向断距约为 100m。

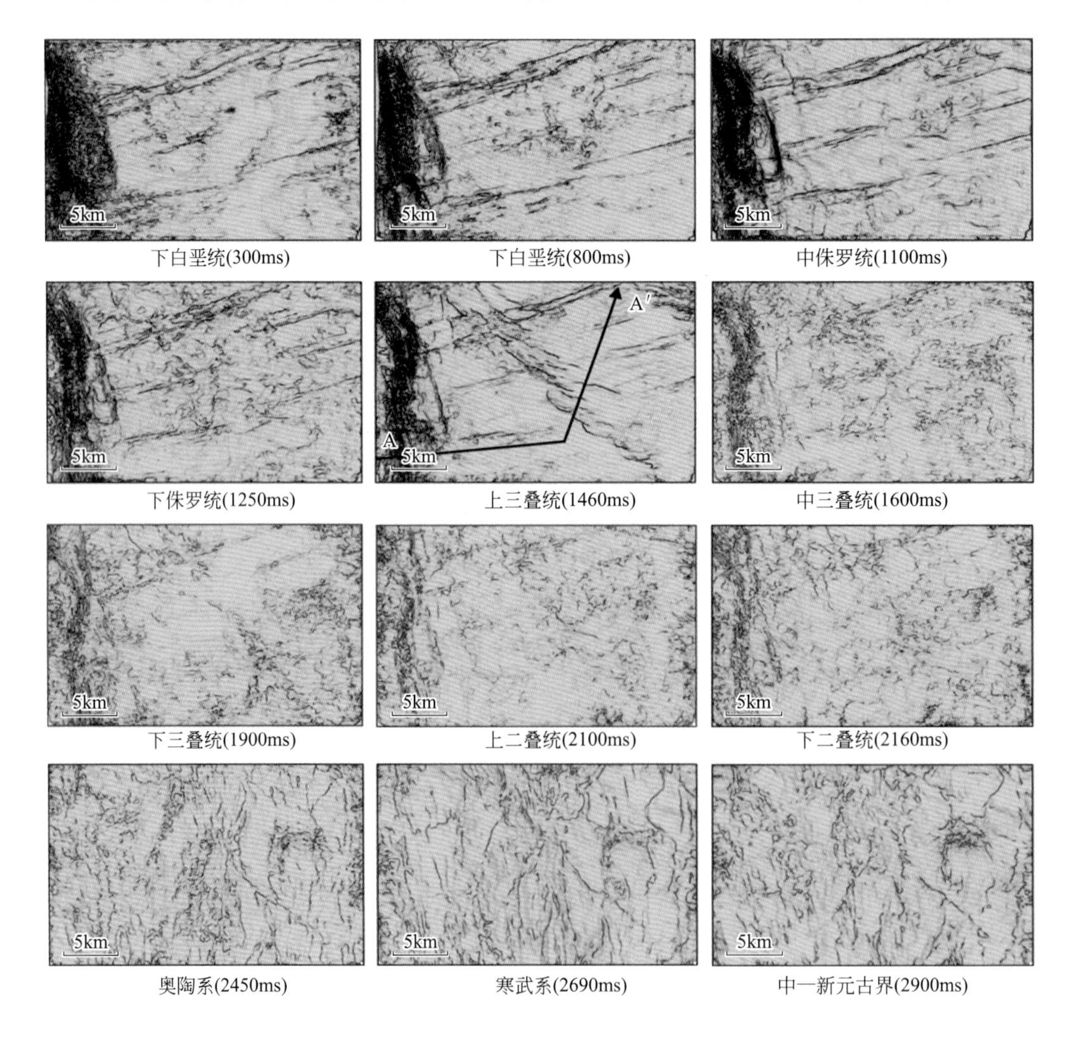

图 4-15　EGFZ 三维区不同深度相干属性切片

盆内可见花状构造和“Y”字形构造样式，其中，构成花状构造的断裂向上一般断至侏罗系底部，向下断至三叠系下部基本收敛消失，与下伏的阶状断层相关性不强。构成“Y”字形构造的断裂向上断至侏罗系及以上地层，向下断至三叠系底部消失，与下伏的阶状断层相关性也不强。

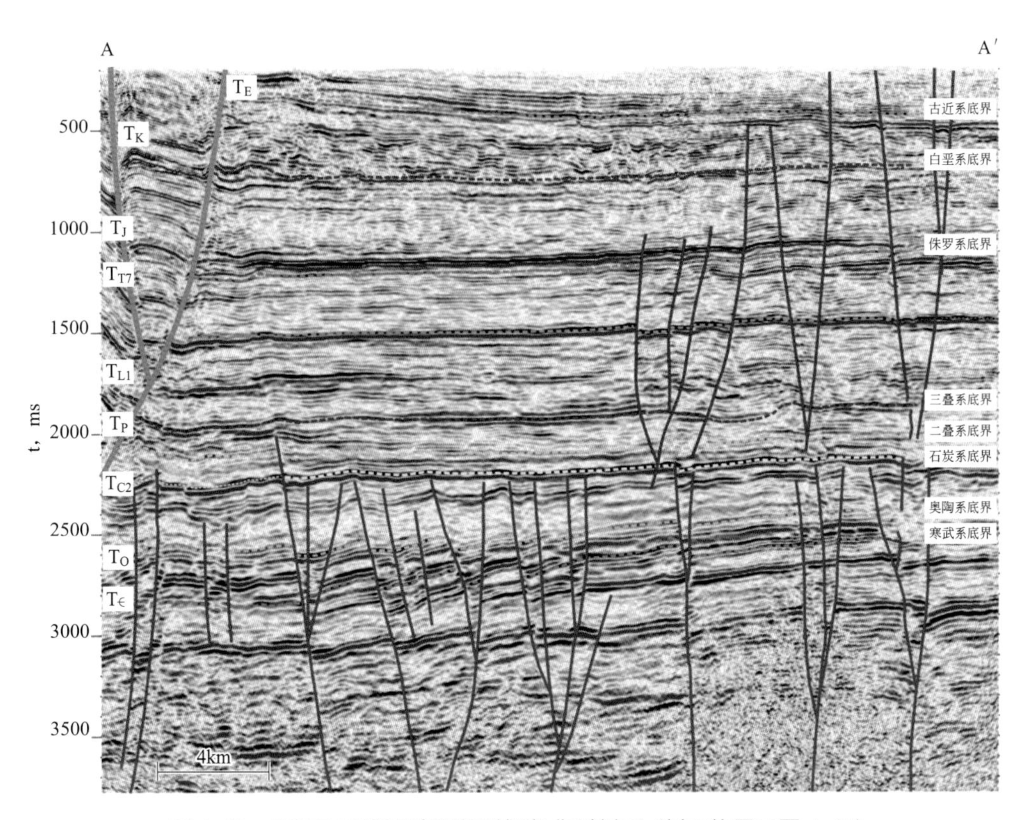

图 4-16　EGFZ 三维区地震断裂解释典型剖面（剖面位置见图 4-15）

ELZZ 三维区位于 EGFZ 三维区的北部（图 4-17），在负曲率属性体上，分别沿层提取了白垩系底界、中侏罗统直罗组、下侏罗统延安组、上三叠统延长组、下二叠统石千峰组、下二叠统石盒子组、下二叠统太原组、下奥陶统乌拉力克组共 8 个层段的沿层曲率切片。在下白垩系底界与中侏罗统直罗组底界，断裂平面展布规律相似，都发育 NE 向的线性断裂体系。侏罗系延安组底界，断裂平面展布规律与上覆地层基本相似，唯一不同的是在工区西南部开始出现 NW 向雁列式断裂带。三叠系延长组长 7 段底界，NE 向断裂带响应特征不再明显，而 NW 向雁列式断裂带响应更加明显。二叠系石千峰组和石盒子组层段内，主要发育 NW、NE 向断裂带和近 N—S 向断裂带，但断裂响应特征不明显。石炭系底界属性图上，近 N—S 向断裂带响应特征明显，工区北部隐约可见 NE 向断裂带。奥陶系乌拉力克组底界属性图上，以近 N—S 向断裂带为主。

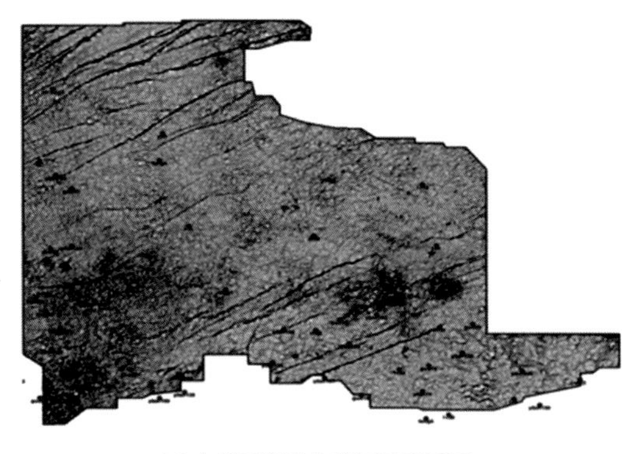

(a) 白垩系底界曲率属性平面图

(b) 侏罗系直罗组底界曲率属性平面图

(c) 侏罗系延安组底界曲率属性平面图

(d) 三叠系延长组长7底界曲率属性平面图

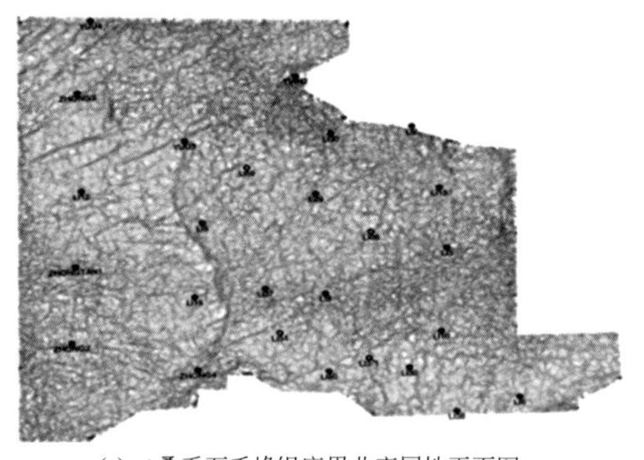

(e) 二叠系石千峰组底界曲率属性平面图

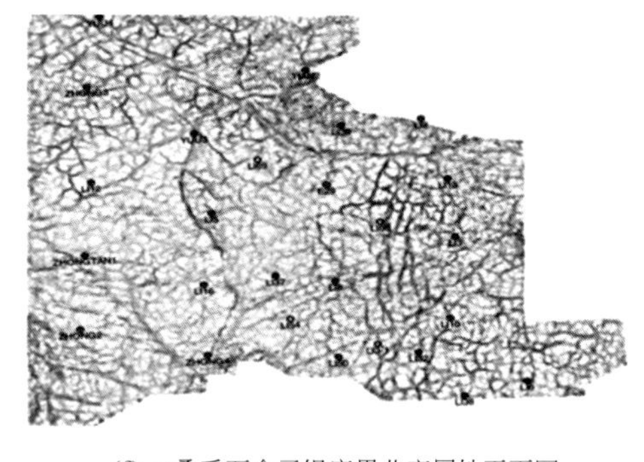

(f) 二叠系石盒子组底界曲率属性平面图

(g) 石炭系太原组底界曲率属性平面图

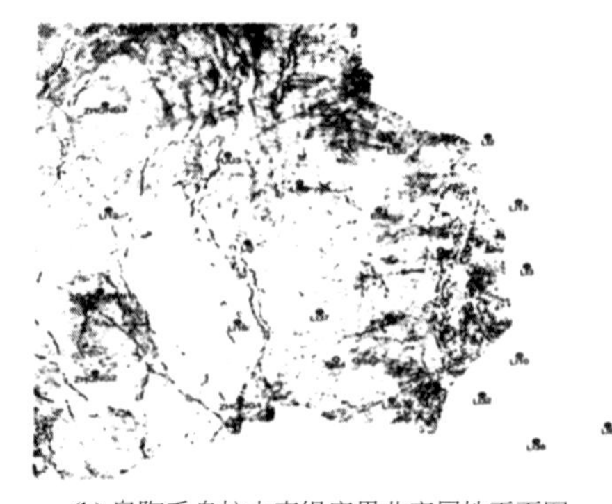

(h) 奥陶系乌拉力克组底界曲率属性平面图

图 4-17 ELZZ 三维区不同构造层曲率属性平面图

通过以上对多块三维区不同层段上断裂系统的相关性分析认为，盆地内部断裂总体具有垂向分层性。在盆地边缘地带，有些断裂具有一定的继承性。在盆地内部，不同构造层内的断裂体系分层特征非常明显。寒武系至下奥陶统主要发育近N—S、NW、NE三组方向的断裂系统，石炭系至中—下三叠统不发育断裂，（中）上三叠统主要发育NW、NE两组方向的断裂系统，侏罗系及以上地层主要发育NE向断裂系统。在局部地区，下古生界断裂与中生界断裂具有弱连接的关系，这可能表明局部地区早期先存断裂对晚期断裂的发育位置具有一定的影响。

为什么盆地内部不同构造层走滑断裂系统具有明显的分层特征，这里对其形成的机理进行进一步的论述。首先，克拉通盆地的构造属性为走滑断裂的分层发育奠定了特殊的地质条件。由于克拉通盆地坚硬的基底结构，使其盆缘应力在向盆内传递的过程中，并不会在沉积盖层中形成变形程度较高的断裂相关构造类型，而是由于坚硬基底块体的阻挡，促使盆缘挤压应力通过转换为走滑或剪切的作用方式向盆内传递，这样就会在盆地内部形成走滑或剪切断裂带和与之相关的构造类型。另一方面，也正是由于克拉通盆地坚硬的基底结构，使其盆地内部整体保持构造稳定，沉积了多套以假整合接触的、横向岩性、厚度变化不大、纵向累积厚度巨大的类似“千层饼”式的沉积旋回地层，这为走滑断裂的分层发育提供了良好的地质环境。其次，据目前煤田开发实践、西布森模式及构造变形理论分析认为（杨丽华等，2021），走滑断裂在沉积盖层区的形成过程中，对古地表（不整合面）以下1500m以内的地层构造变形作用最为明显，断裂再向下破裂的过程中，一方面由于该埋藏深度内的地层在温度、压力条件上急剧变大，向下传递的应力已被塑性变形吸收，另一方面由于盆内纵向上多套软弱层的存在，也吸收了向下传递的变形应力。这些因素都是导致盆地内部走滑断裂垂向分层的根本原因。

目前研究发现，鄂尔多斯盆地、四川盆地、塔里木盆地内部的走滑断裂都具有明显的分层特征，不同的是鄂尔多斯盆地和四川盆地不同构造层的走滑断裂在发育位置上继承性不强，而塔里木盆地的则具有较好的继承性，这可能与走滑断裂的发育时限及形成的基础地质条件有关。四川盆地内部三叠系发育一套膏盐岩，该套膏盐岩的断裂及褶皱构造变形以盐上地层最为发育，盐下附近地层略有卷入，但向下很快消失。这表明促使膏盐岩构造变形的应力作用是在一定深度的范围内，并不是自基底向膏盐岩层附近的整体变形，这是克拉通内断裂具有分层变形特征最为有力的证据之一。另外，多种资料揭示，四川盆地深部仍完好保存了元古宙板块俯冲的构造体系，这表明新元古界之上构造层的变形对下伏早期的构造体系影响不大，这也是克拉通内断裂分层变形的有力佐证。塔里木盆地加里东—海西期走滑断裂可分为两期，即早期的压扭构造和晚期的张扭构造，晚期张扭构造虽对早期张扭构造有一定的改造作用，但改造程度有限，这也体现了克拉通内走滑断裂在垂向上的分层特征。

因此，垂向分层特征是克拉通内走滑断裂发育的普遍规律之一，这在我国三大克拉通盆地内部表现得非常明显。当然，就目前资料来看，盆内走滑断裂的分层程度也与盆地内部的区域位置有关，可能在盆缘向盆地腹部的过渡区域位置分层特征最为明显。

走向分段性

目前，由于多块三维区之间尚未进行连片成图，所以，对于盆内走滑断裂带的分段性这一特征认识还不够深入。但通过对盆地西部的 EHD 三维区 NE 向走滑断裂的精细解剖，至少认为盆地内部有些断裂具有分段性。

由图 4-19 可以看出，盆地西部 NE 向走滑断裂带向西与西缘近 N—S 向逆冲断裂近乎直交，向东在构造样式、切穿层位、断块形态三个方面存在一定的分段特征。为了进一步说明盆地西部走滑断裂分段性这一特征，将塔里木盆地与鄂尔多斯盆地内部走滑断裂带的分段性进行了对比。两者在分段特征的共性方面表现在以下两个方面：一方面即沿走滑断裂带展布方向构造特征的变化（图 4-18），如塔里木北部坳陷地区 $F_1$17 断裂自南向北可分为拉张、挤压交替出现的 6 段，平面上主体为线性展布，局部可见叠接结构及次生的次级断裂，剖面上呈继承发育的花状结构，局部地区断裂上下不能贯通。鄂尔多斯盆地洪德地区走滑断裂自西向东可分为拉张、挤压、拉张 3 段，平面上呈雁列式展布，横向上切割了西缘大型逆冲断裂，剖面上以“Y”字形构造为主；另一方面分段特征表现为自板缘向板内走滑断裂在垂向断距、断裂带宽度及切割层位深度上的有序变化。如塔里木北部坳陷地区 $F_1$17 自板缘向板内垂向断距由 140m 减小到 30m，断裂带宽度由 3km 减小到 0.5km，切割层位由寒武—侏罗系（厚度约 5500m）加深到寒武—奥陶系（厚度约 3500m）。鄂尔多斯盆地洪德地区自西缘向盆内垂向断距由 50m 增加到 80m 再减小到 10m，断裂带宽度由 0.2km 增加到 1.4km 再减小到 0.2km，切割层位由石炭—白垩系（厚度约 3000m）变浅到侏罗—白垩系（厚度约 1800m）。

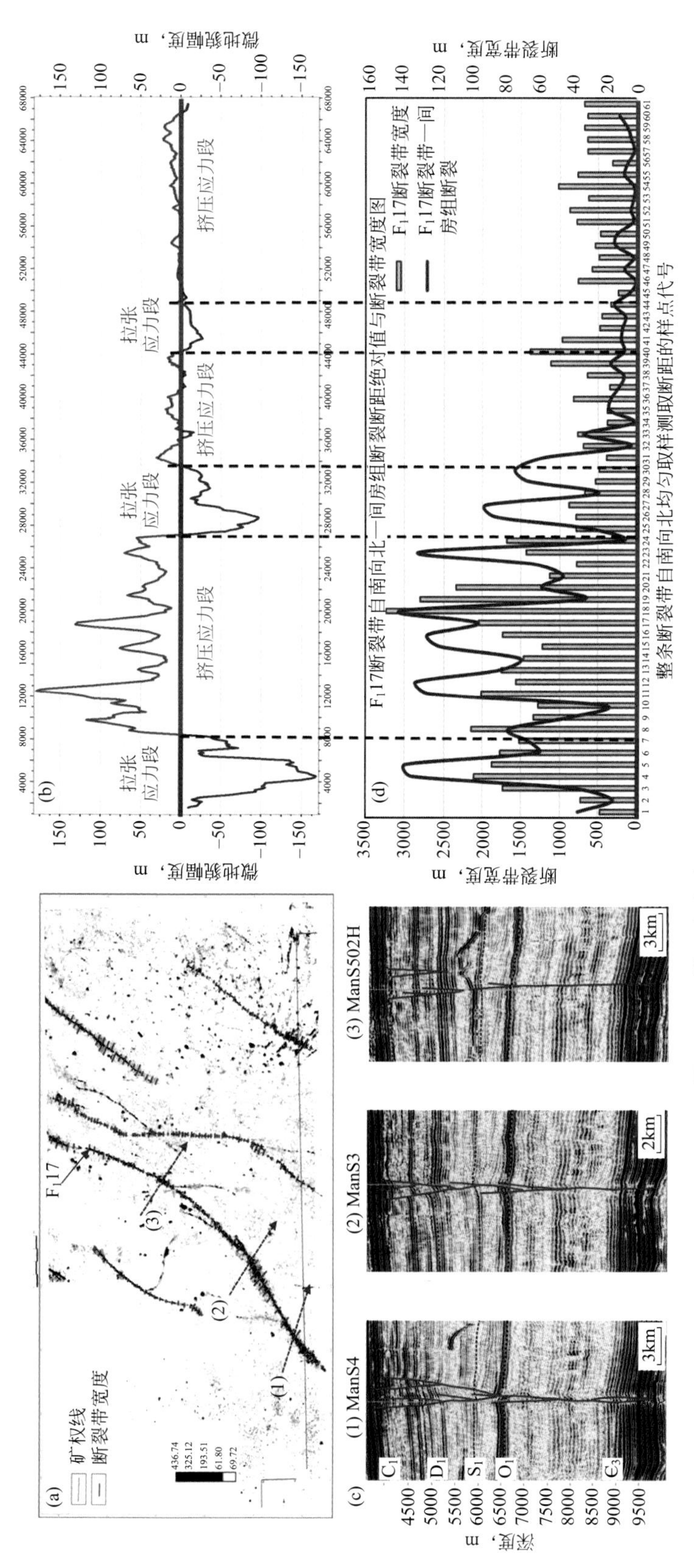

图4-18 塔里木盆地走滑断裂分段的相关构造要素对比图

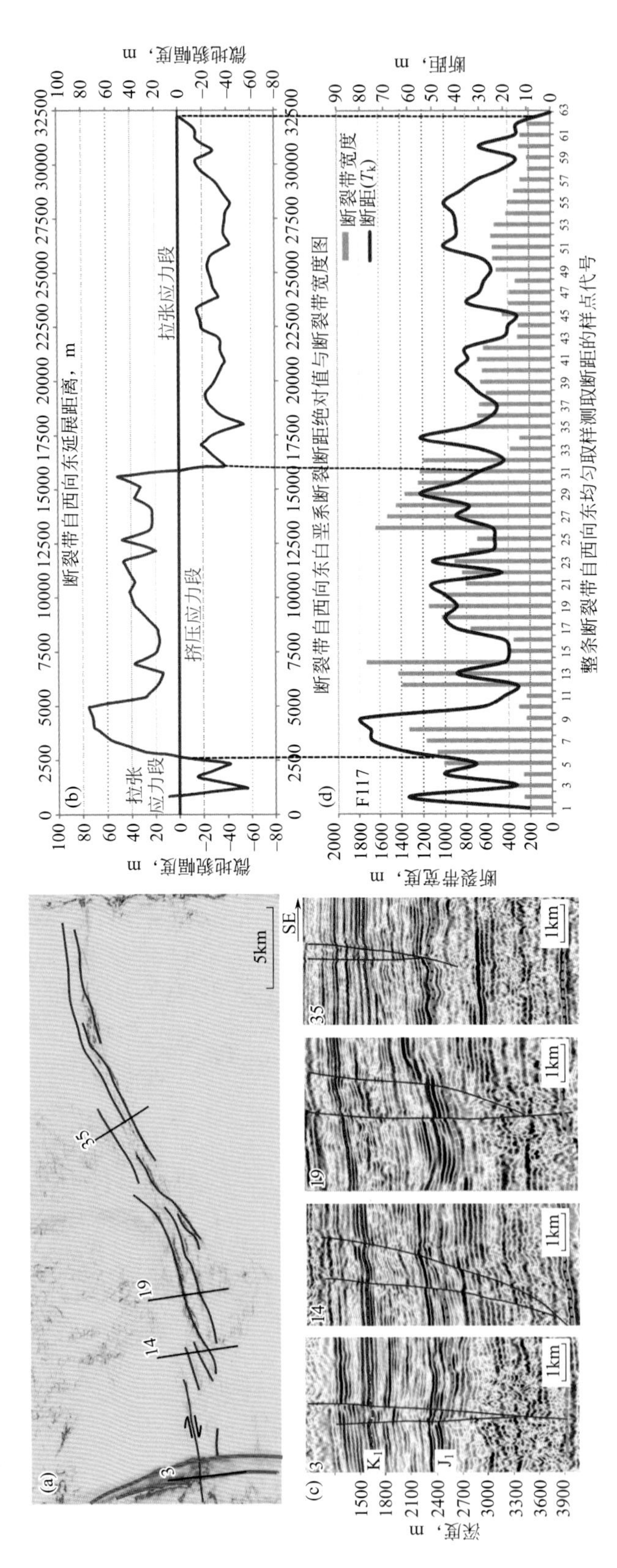

图4-19　鄂尔多斯盆地走滑断裂分段的相关构造要素对比图

由此可见，盆地内部走滑断裂分段特征可能在我国中西部几大克拉通盆地内部具有普遍性。鄂尔多斯盆地内部走滑断裂的研究程度尚不深入，对于分段性的成因、运动学过程等问题还有待于进一步探索。

四　平面分区性

由于盆地内部下古生代地层保存最全，目前几乎在全盆地都有油气勘探发现，积累的断裂地震解释成果最为完整，下面以下奥陶统顶界断裂体系展布特征来说明盆地内部断裂的分区性。

应用盆地中东部的多块三维区地震资料，对盆地中东部的断裂特征进行刻画。由图 4-20 可以看出，盆地东部神木—米脂地区发育一条近 N—S 向展布较大规模的走滑断裂带，二维、三维地震综合解释表明，该条断裂带长约 270km，宽度在 2 ～ 6km，剖面上断面陡直，切穿寒武—奥陶系，大部分断裂向上至上古生代煤系地层消失。在该条断裂带之西也发育一条榆阳—子长走滑断裂带，该断裂带宽度约 3 ～ 5 km，延伸长度约 120km，规模较东部的神木—米脂断裂有所变小。榆阳—子长地区的走滑断裂带再向西进入盆地腹部，断裂的展布方向转变为 NW、NE 两组方向。在盆地西部，天环坳陷区内主要发育近 N—S 向的断裂带，但再向东部的盆地腹部，断裂带的展布方向也转变为 NW、NE 向。因此，结合下奥陶统顶界断裂体系的展布，可以将盆地断裂特征划分为东区、中区和西区。

盆地北部伊盟隆起南侧发育一条较大规模的近 E—W 向断裂带，也具走滑性质（冯保周等，2021），盆地南部的渭北隆起之上也发育多条近 E—W 向展布的断裂带。由此可以推测，盆地周缘的四个构造单元内或附近区域，断裂带的展布方向与其长轴方向近似平行，盆地内部主体部分的伊陕斜坡区，以 NW、NE 向的断裂为主。

这里值得一提的是，盆地内部断裂的分区性在不同构造层内可能具有一定的差异，比如早古生代构造层与晚中生代构造层内的断裂分区特征初步分析认为两者的差异较大，关于这一点有待于后续进一步研究。

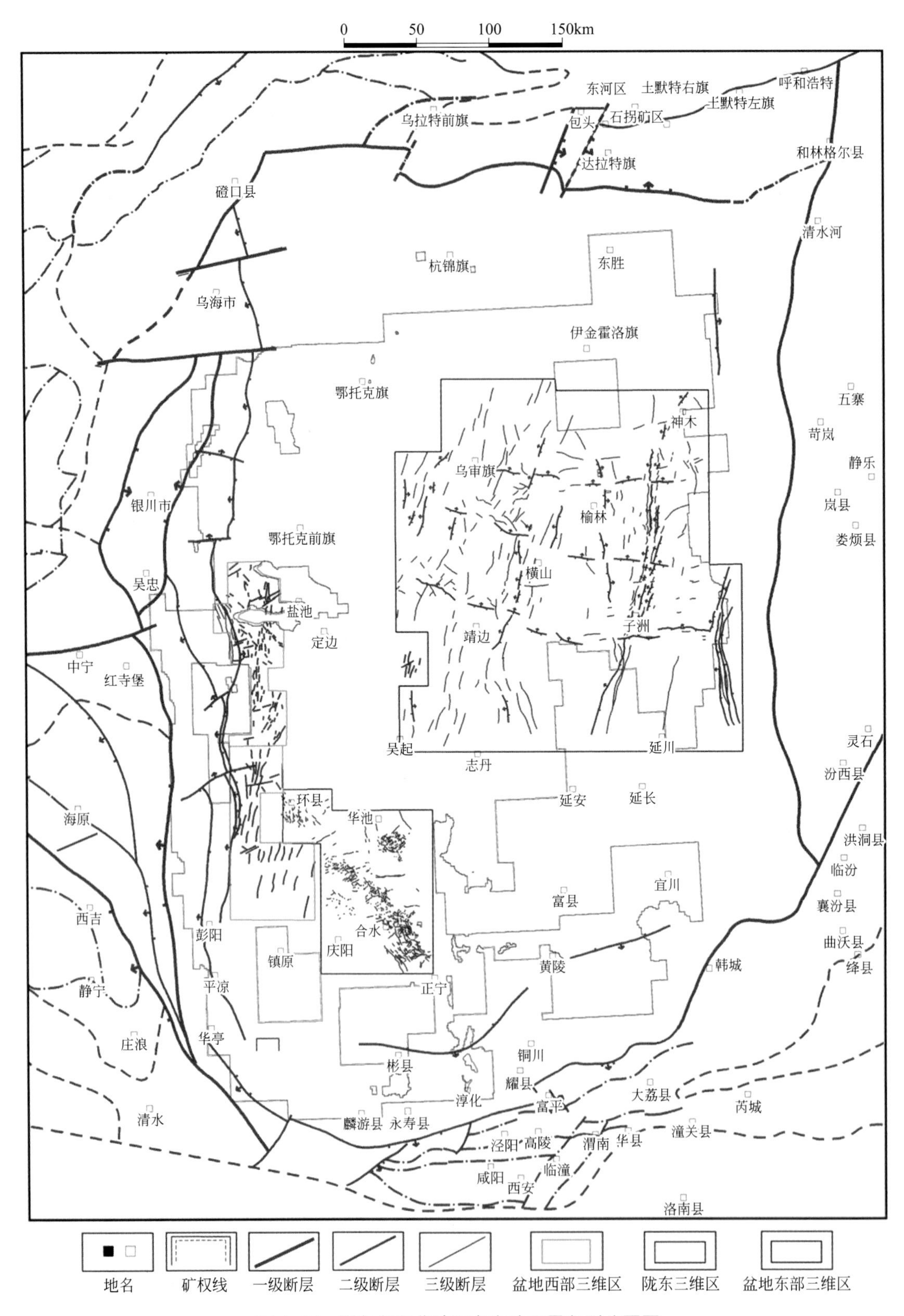

图 4-20　鄂尔多斯盆地下奥陶统顶界断裂分区图

第五章 走滑断裂的块体旋转运动模式

鄂尔多斯盆地西部的天环坳陷区目前基本已被三维地震所覆盖。三维地震解释揭示，天环坳陷内发育多组 NW 和 NE 向走滑断裂带，加之天环坳陷与西缘冲断带之间的近 N—S 向逆冲断裂，整个天环坳陷区可看作是被不同性质、不同深度、不同方向的断裂带所围限的多个断块。

以往研究多关注断裂带本身构造特征的分析，而对断裂带所挟持的断块关注程度不高。因此，应用断块构造理论，可将不同方向断裂带与所挟持的断块统一起来，有利于从更大的区域和变形的结果两个方面恢复当时的运动学方式和动力学背景。

本章通过三维地震解释的成果，结合以往的古地磁和地质认识，给出了走滑断裂相关块体发生旋转的三个方面的证据。在此基础之上，对盆地西部的洪德—山城地区进行了断块构造地震解析，发现该断块发生了约 25°～33°的逆时针方向旋转。最后，通过对断裂形成时间、岩性结构、作用方式等几个方面条件的限定，建立了盆地内部走滑断裂相关块体的旋转运动学模式，合理解释了走滑断裂的构造特征和区域上的构造格局。

第一节 走滑断裂相关块体旋转的证据

块体的旋转是地壳上部较为常见的构造运动形式，目前主要有古地磁、大地测量、物理模拟实验等方面的直接证据。有关块体的旋转有两种模式，一种是由 Beck（1976）首先提出，后来又为 Greenhause 等（1979）和 Brown（1985）修改完善，用来解释剪切变形带内部小块体的旋转，但断层本身不发生旋转；另一种是被断层与所切割的块体一起发生旋转（Nur A et al，1986）。对鄂尔多斯块体的研究揭示，该块体在中生代期间存在明显的块体旋转作用。

吴汉宁（1993）通过对鄂尔多斯和阿拉善地区早白垩世地层的古地磁学研究，指出盆地内部块体的局部旋转是造成中国中、东部晚中生代左行平移剪切应力场的主导因素。杨振宇等（1998）利用古地磁方法研究华北地块与扬子地块的碰撞与拼合过程，认为华北板块在三叠纪至中侏罗世发生了 40° 的逆时针旋转；朱日祥等（1998）利用古地磁数据对华北、扬子和塔里木板块的碰撞拼合进行研究，认为晚侏罗世以来三大块体发生了约 20° 的顺时针旋转。下面介绍近年来从三维地震解释得到的盆内块体旋转的一些证据。

三维地震解释的相关证据

（一）棋盘式构造格局

通过对盆地西部天环坳陷区 17 块三维的三叠系延长组长 7 段顶界断裂解释表明，该区发育近 N—S、NW、NE 向三组方向断裂带［图 5-1（a）］。由于目前三维地震都是单区块进行断裂解释，尚未进行连片断裂成图，如果将每块三维区不同方向的断裂带从区域上进行相连，就可以将该区切割呈大小不一的菱形块体，相当于棋盘构造［图 5-1（b）］。再从地震剖面来看，区内的三组方向断裂基本都切穿了中生界的中—上三叠统、侏罗系上千米的地层厚度（图 5-2），在剖面上也可以看作一个下窄上宽的菱形块体。

菱形块体的存在，证实了天环坳陷区中生界曾发生了多个块体的旋转运动。旋转运动是促使块体由原来的方向扭变为菱形的主要原因。

对天环坳陷区的菱形块体成因进行进一步解释。产生扭变的应力来源为西缘复杂构造区域，挤压应力的方向为由西向东，由于区域上自北向南挤压应力的大小、方向存在差异，在形成具有横向调节性质的 NE 和 NW 向两组方向断裂带的同时，断裂所夹持的断块也会发生扭动变形。这可以进一步分为两种情况（图 5-3）：当自西向东的挤压应力在大小和方向上差别不大时，而且挤压作用本身不甚强烈，这就会造成天环坳陷区发育形状规则、块体旋转方向一致的多个菱形块体；当自西向东的挤压应力在大小和方向上差别较大时，而且挤压作用本身比较强烈，这就会造成天环坳陷区发育形状不规则、块体旋转方向不一致的多个块体。从天环坳陷区中生界断块构造来看，应主要属于第一种情况，但不排除在盐池及以北地区可能具有第二种情况。

图 5-1　天环坳陷区中生界长 7 段顶界断裂系统与断块发育模式图

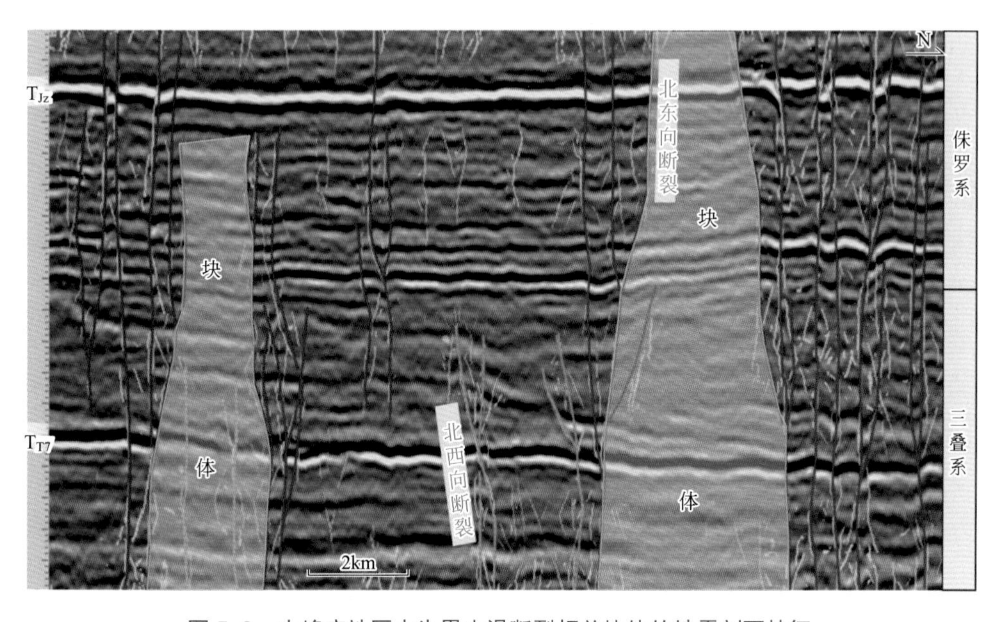

图 5-2　古峰庄地区中生界走滑断裂相关块体的地震剖面特征

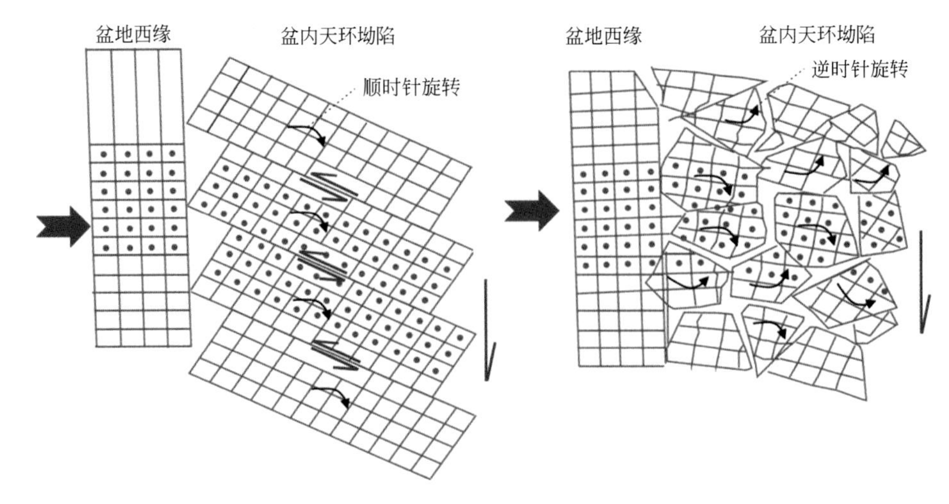

图 5-3　盆地内部走滑断裂相关块体的形成模式示意图

从目前的构造解释来看，在靠近盆地西缘的天环坳陷西翼，走滑断裂相关块体的扭变特征越明显，块体内部一般会被次一级的断裂进一步复杂化，在靠近盆地内部的天环坳陷东翼，块体扭变特征不甚明显，块体内部发现的次级断裂较少。

（二）不同构造层断裂相交

将不同层段内的断裂带进行纵向叠合，发现断裂带表现为小角度的相交，这也是块体发生旋转运动的有力证据。

如图 5-4 所示，（a）图为 EYWB 三维区低降速层厚度图，红色部分可看作黄土地形的“沟”，NW 和 NE 向展布的沟内出露白垩系砂岩。蓝色为“塬”，一般出露古近—新近系及第四系黄土。依据“逢沟必断”的野外地质经验，认为白垩系泾川组砂岩出露区发育一条 NW 向的断裂（图中的黑线）。（b）图为 EYWB 三维区 1300ms 常规数据体时间切片，该深度大致代表了侏罗系底界的位置。可以看出，侏罗系底界发育一条 NW 向的断裂带（图中黄色的线），该条断裂已被其他属性切片证实。将今地表的断裂体系与侏罗系的断裂系纵向叠合可以发现，两个不同深度的断裂呈小角度相交，夹角约为 35°。自深向浅，断裂发生了顺时针方向的偏转。

图 5-5 是 EGFZ Ⅲ期三维区不同构造层的断裂纵向叠合图。由（a）图可以看出，三叠系（黑色）、侏罗系（蓝色）、白垩系（咖色）三个不同构造层内的断裂在雁列式断裂带展布位置发生了一定角度的相交，其中，三叠系与侏罗系相交角度较小，侏罗系和白垩系断裂的相交角度较大，约为 30°。（b）图是将侏罗系和白垩系的断裂系纵向叠合，可以看出两者的断裂带交汇位置主要是在雁列式断裂带的东侧，表明雁列式断裂带西侧的块体发生了逆时针方向的旋转。

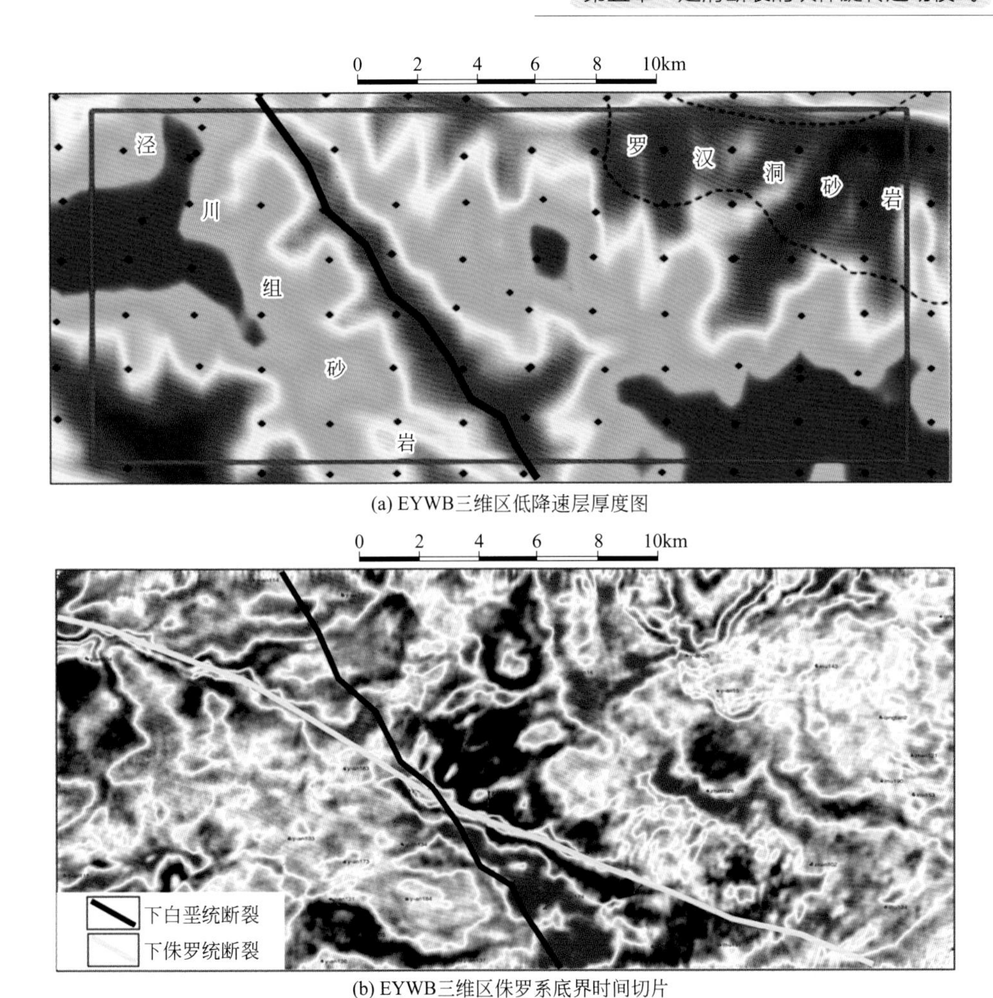

(a) EYWB三维区低降速层厚度图

(b) EYWB三维区侏罗系底界时间切片

图 5-4　盆地西部 EYWB 三维区不同层系断裂纵向叠合图

由此可见，在统一的构造应力作用下，盆地西部走滑断裂相关块体可以发生顺时针或逆时针方向的旋转，中生界自深向浅旋转的角度约为 30°。

（三）弧形断裂带

弧形断裂带也是走滑断裂相关块体发生旋扭运动的主要证据之一。在盆地西部 ESC 三维区中生界侏罗系底界相干属性图上，清晰可见发育一条近 E—W 向展布的，呈向东南突出的弧形断裂带（图 5-6），切割地层深度较大。由图 5-7 可以看出，沿弧形断裂带两侧，侏罗系底界的构造高低存在明显差异，这表明该弧形断裂带是中生代以来控制旋转块体边界的重要断裂。

（四）花状构造纵向歪斜

一般的，走滑断裂带都为直立的花状构造样式，但在鄂尔多斯盆地西部发现了具有“歪斜”特征的花状构造。如图 5-8 所示，为过 EHD 三维区 NE 向走滑断裂的地震解释剖面，可以看出这种花状构造向西北方向倾斜，向下收敛于二叠系煤系地层之上消失，同时也可以发现歪斜的花状断裂带向西，断裂的垂向断距变大，切割层位较深；向东断裂的垂向断距变小，切割层位也随之变浅。

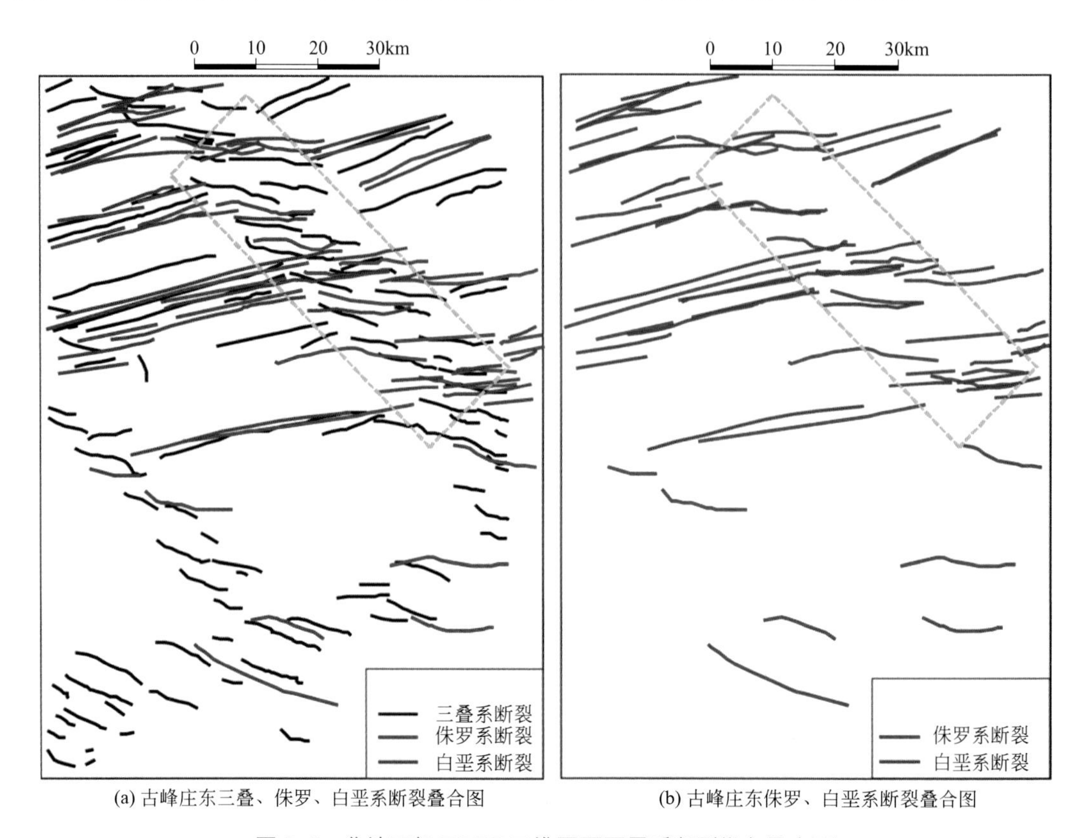

图 5-5　盆地西部 EGFZ 三维区不同层系断裂纵向叠合图

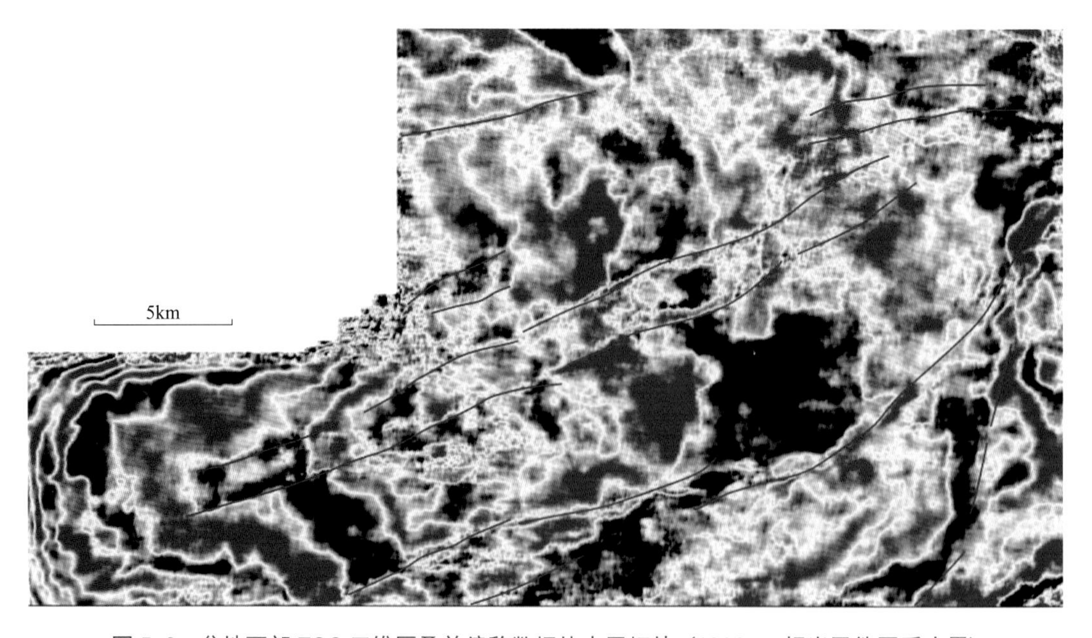

图 5-6　盆地西部 ESC 三维区叠前偏移数据体水平切片（1230ms 相当于侏罗系底界）

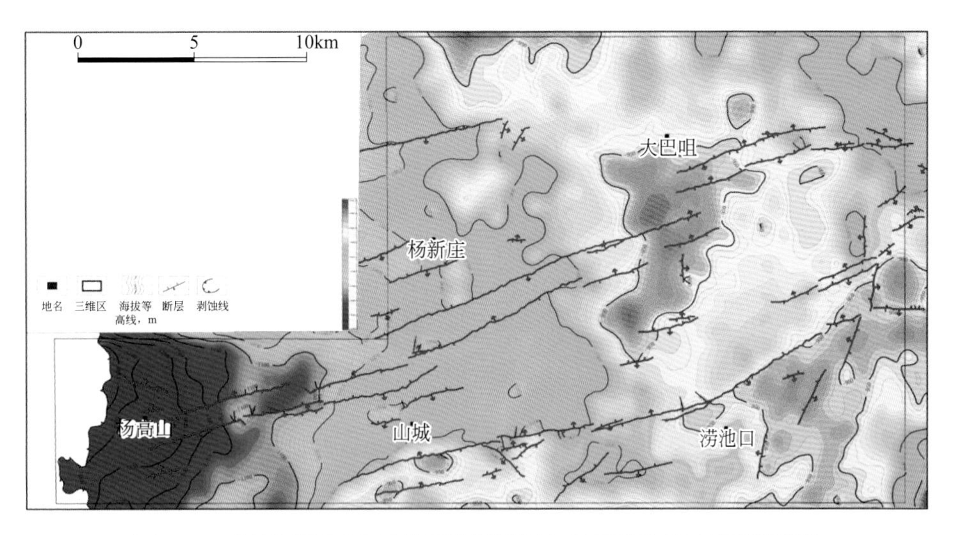

图 5-7　盆地西部 ESC 三维区侏罗系延安组底界发育的弧形断裂带

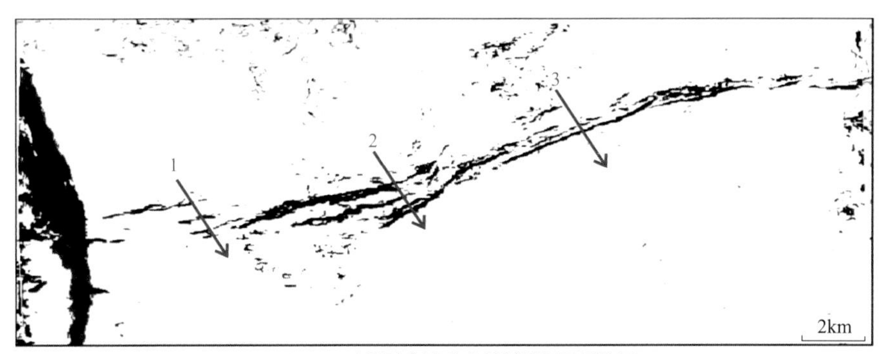

(a) EHD三维区白垩系底界断裂相干属性图

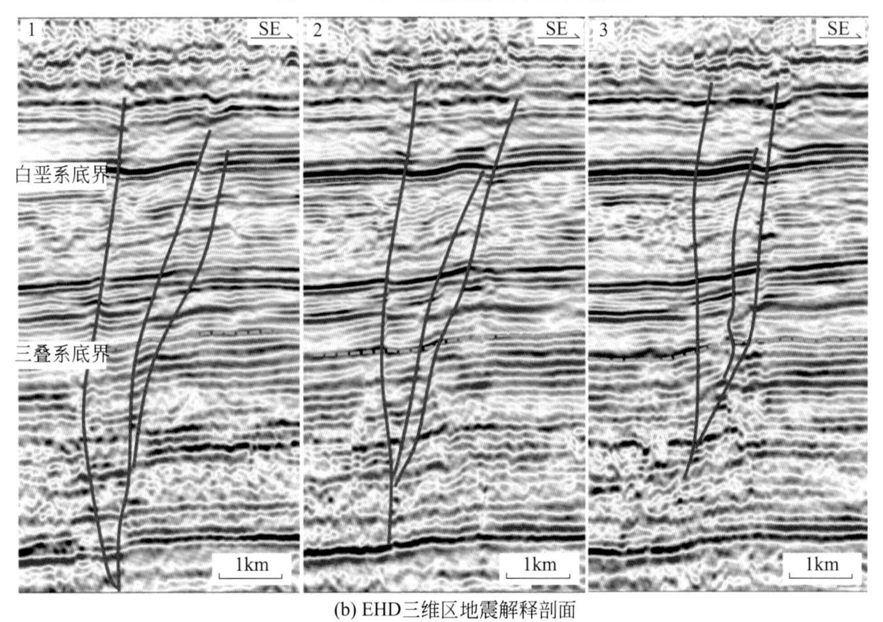

(b) EHD三维区地震解释剖面

图 5-8　盆地西部 EHD 三维区沿断裂走向的典型构造样式

综合分析认为，这种“歪斜”花状构造是由同一时期应力在不同构造层上造成的结果不同所致。在古地表层附近，应力的作用最强，影响最大，在应力向下传递的过程中，受到软弱层阻隔吸收和应力自身的自然衰减，应力逐渐变小，这样就会造成纵向上的分层扭动变形，而分层扭动变形就是走滑断裂相关块体发生旋转运动的标志之一。

二 古地磁相关证据

晚三叠世，扬子与华北块体的碰撞拼合过程是自东而西的剪刀状闭合模式，东部的拼接始于晚二叠世，西部闭合时代为晚三叠世（朱日祥等，1998；张国伟等，2001）。两大板块闭合之后进入陆—陆碰撞阶段，至晚侏罗世华北块体仍在发生逆时针方向旋转（图 5-9）。坐落于华北板块西部的鄂尔多斯地块自晚二叠世至晚侏罗世也发生了逆时针方向的旋转，自二叠世至晚三叠世该块体的北部、南部、西部为限制边界，不同块体的相互作用，形成类型多样、性质不一的旋转构造体系，而块体东部为自由边界，自晚侏罗世以来才形成真正意义的块体边界，记录了不同块体相互作用的旋扭构造体系。

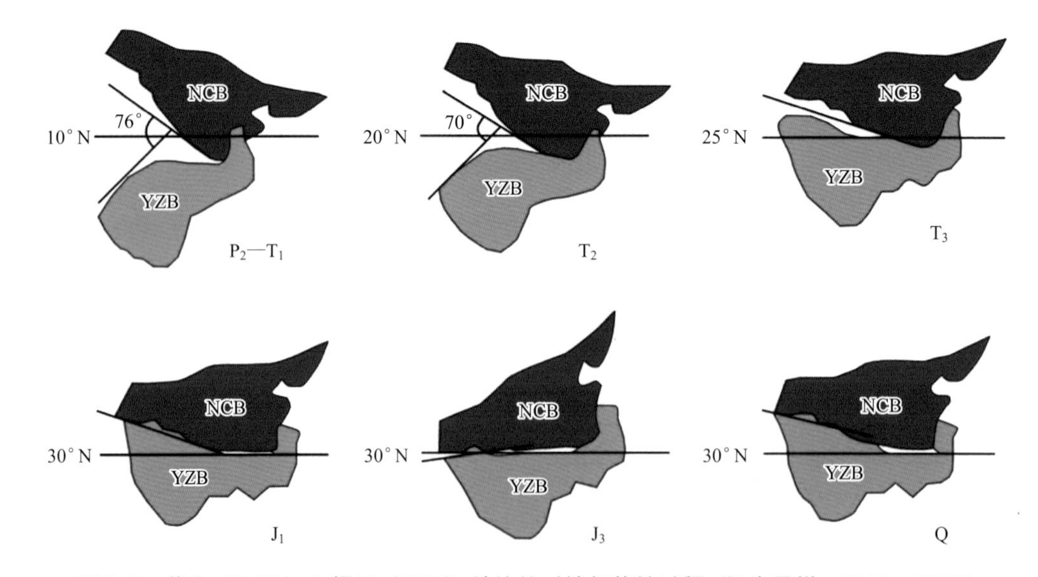

图 5-9　华北（NCB）和扬子（YZB）地块的对接与旋转过程（据朱日祥，1998，2005）

三 其他地质相关证据

（一）延长组沉积中心迁移

目前研究表明，鄂尔多斯盆地三叠系延长组沉积中心发生二次迁移

（图 5-10）。长 9 期，延长组沉积中心主要分布在志丹—甘泉—富县一带，长 7—长 2 期，沉积中心稳定分布于盆地西南部姬塬—白豹—华池—正宁—宜君一带，说明沉积中心向西南部迁移，而至长 1 期，沉积中心跃迁到子长—横山一带，说明发生了第二次沉积中心迁移。据 Crowell 研究表明，在沉积盆地内部的沉积序列中，沉积中心迁移的方向与控制湖盆发育的走滑运动方向相同（图 5-11）。据此可以判断延长组湖盆由长 9 期至长 2 期沉积演化受控于左旋构造运动，与目前盆地内部的印支期走滑断裂运动方向相同。至于长 1 期沉积中心位置的跃迁，可能与基底抬升、湖盆萎缩沉积作用有关，不是继前期（长 10 期至长 2 期）之后的另一次新的湖侵，因此，该阶段的沉积作用并不具有相应的旋转构造背景。

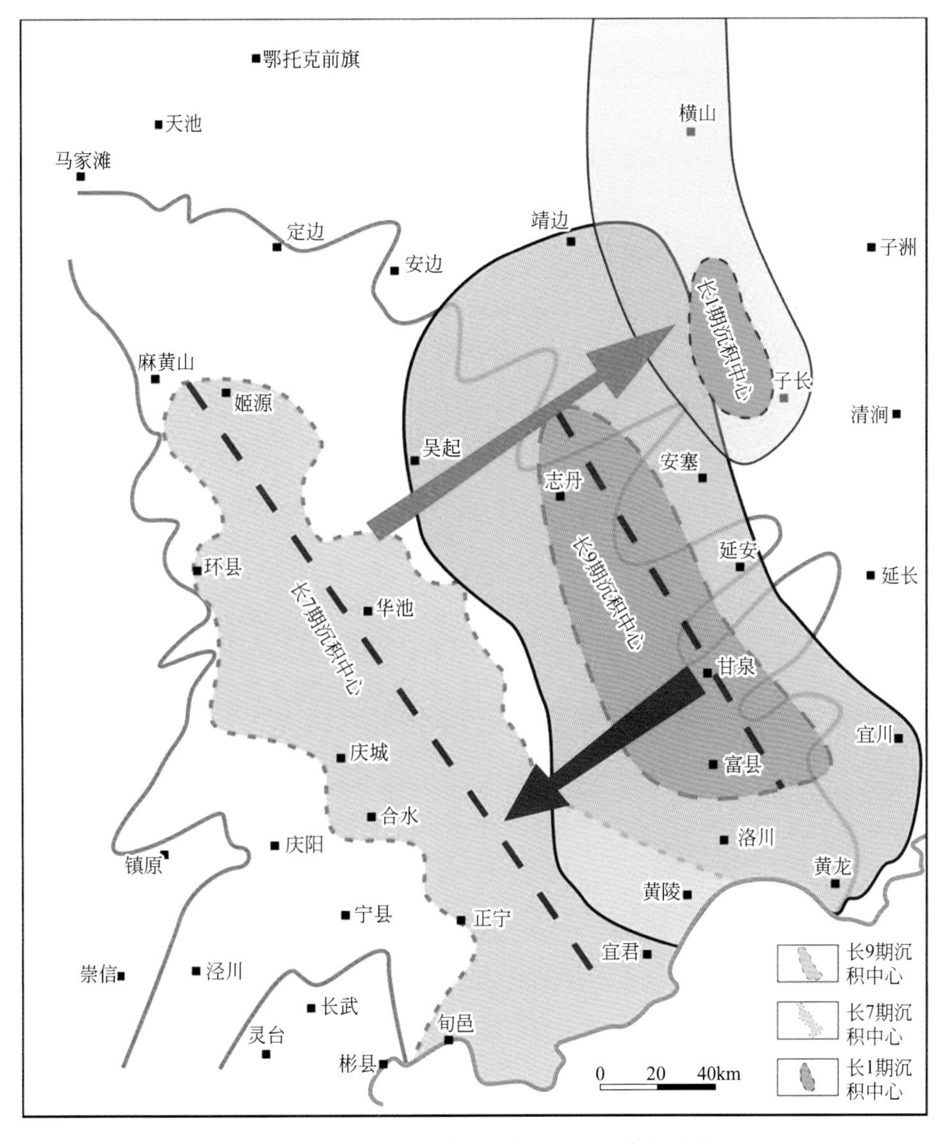

图 5-10　鄂尔多斯盆地延长期主要沉积中心迁移图

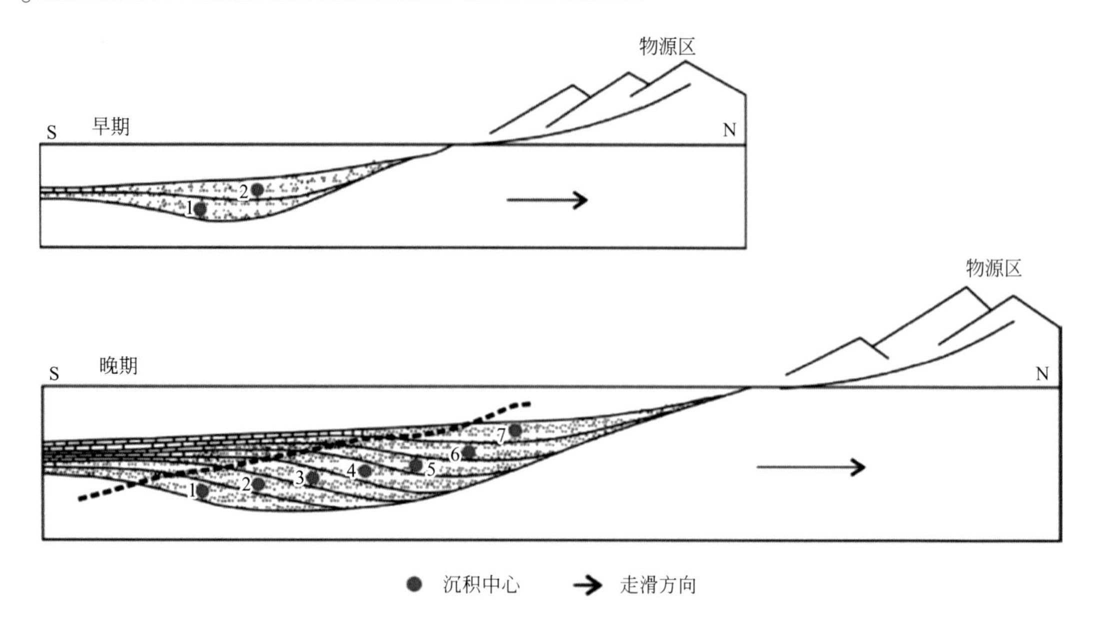

图 5-11　右旋走滑盆地沉积中心迁移示意图（据 Crowell，1982，有修改）

（二）盆—山之间的突变关系

鄂尔多斯盆地西缘冲断带和天环坳陷之间在构造上为突变关系，首先，两个不同构造单元断裂的方向、性质明显不同；然后，西缘冲断带为逆冲构造体系，而天环坳陷为一个负向的构造单元，两者之间没有明显的过渡构造区；最后，据前人研究，天环坳陷内发育北西、北东向的小型褶皱，这与西缘冲断带的近南北向断块型构造圈闭形成鲜明的对比。以上三个方面的因素表明，盆地内部可能发生了走滑旋转运动，这是造成盆缘与盆内构造差异的根本原因。

这里对盆地西部为何会产生旋转应力场进行进一步讨论。第一，盆地西缘区域自北向南可划分为阿拉善北缘活动带、阿拉善稳定地块及走廊过渡带（刘池洋等，2005），并不是一个统一的块体，这在区域上为旋转应力场的产生提供了地质背景；第二，盆地西部在中生代受到不同方向的挤压应力的作用，由于不同方向应力大小、作用方式等方面的差异，也为盆地内部旋转应力场的产生提供了构造背景。

以上论述从地震、地质及古地磁三个方面，列举了 7 个支持盆地内部块旋转运动的直接或间接证据。古地磁、沉积中心迁移是从宏观尺度对块体旋转运动结果的揭示；盆—山结构分析是从区域构造背景推测块体旋转应力的来源；三维地震解释发现的棋盘式构造、断层交叉、弧形构造带及花状构造纵向歪斜是块体旋转运动的四个方面的结果，也是最为直接的 4 个证据。

第二节 山城—洪德块体旋转的地震解析

通过上述论述可知，鄂尔多斯盆地西部的中生界断块体确实发生了一定角度的旋转。利用三维地震资料，通过对断块边界的断裂的切穿层位、空间结构构造及断块内部不同目的层构造形态的刻画，解析断块构造的成因及时空演化过程。

通过前人区域地质研究及第四章论述可知，盆地西部天环坳陷区的现今断裂—构造系统整体主要保留了燕山运动的古构造系统。这些断裂—构造系统在印支运动形成其雏形，在燕山运动期间大规模发展并定型，喜马拉雅期的构造活动对其影响程度有限。盆地西部现今地层结构和盆内走滑断裂的发育时限可作为断裂—构造这一活动特征的主要证据。盆地西缘横山堡地区野外可见白垩系角度不整合于前白垩纪地层之上，表明构造活动主要发生在晚侏罗世（燕山运动）。天环坳陷内的走滑断裂系统向上切穿白垩系，但一般在侏罗系上部垂向断距最大，向下断穿层位较深，可达上古生界，再向东部的伊陕斜坡构造单元内向下断穿层位逐渐变浅，一般可达（中）下三叠统。因此，可将天环坳陷区的NW、NE向两组走滑断裂系统划归为燕山期（详见第六章）。应用三维地震资料，通过对天环坳陷区的断裂—构造解析，可实现恢复燕山期该区构造的形成与演化过程，对断块体旋扭构造的旋扭角度、方向及块内内部变形规律进行解译。

本次优选山城、洪德地区走滑断裂发育、断块特征明显的三维区进行断块精细研究。两块三维区之间还存在约200km^{2}的“间隙”未被三维资料覆盖，但可以借助二维资料进行补充，进而实现对该区构造特征的精细刻画（位置见图5-1）。

一 块体边界断裂刻画

通过对该区中生界断裂地震解释发现，在ESC三维区、EHD三维区各发育一条NE向的走滑断裂带，区内延伸长度约42km，两条断裂间隔距离38km。同时，利用二维、三维地震联合解释，也发现两条近似平行的NW向断裂带。其中，两条NE向断裂都呈近似的雁列式展布，具有走滑性质；NW向断裂带靠近西缘复杂区的一条主要具逆冲性质，但有一定的走滑分量；靠近盆内的一条呈断续状相连，可能具有走滑性质（图5-12）。两条北东向断裂和两条北西向断裂依次相连，形成一个完整的规则的菱形块体。

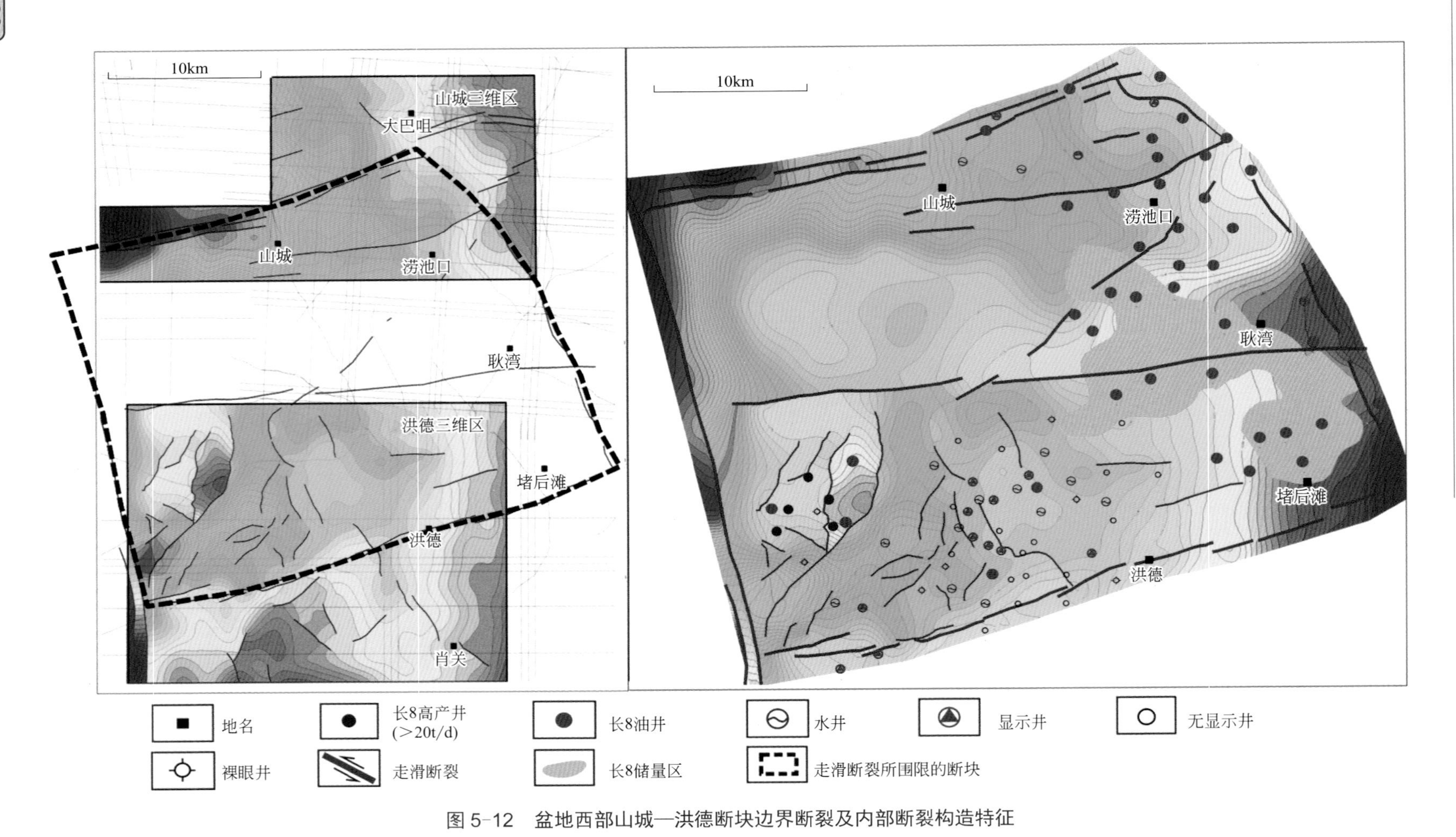

图 5-12　盆地西部山城—洪德断块边界断裂及内部断裂构造特征

地震解释同时表明，在完整的菱形块体内发育一些方向不一的次级断裂带。其中，在EHD三维区北部，应用二维地震发现一条次级的NE向断裂带，可将整个菱形块体一分为二。在ESC三维区的东南部，发育一个向东南部位突出的弧形断裂带。在EHD三维区西北部，发育一些主体呈NNE向展布的次级断裂带。

二　块体内部构造特征

针对三叠系延长组长8段目标层，二维、三维联合构造成图，依据四条边界断裂为作图范围，对菱形断块内构造特征进行精细刻画。由图5-13可以看出，断块内部构造高低具有一定的规律性。该区整体位于天环坳陷西翼，构造具有东高西低的总趋势，但发育两个近E—W向展布的“洼中隆”构造。进一步分析可以发现，以菱形块体中部的北东向断裂为界，整体块体被分成南、北两个部分。南半部分东侧构造位置高，为长8探明储量区；西侧发育一个呈纺锤状的局部凸起，东、西边界为NNE向次级断裂所围限。该凸起内构造位置高，内部钻遇较多的长8高产井。北半部分东侧同样构造位置高，为长8探明储量区；西侧发育一个走向为近E—W向的小型凸起，钻井数量少，含油特征尚不明确。

总体来看，菱形块体中间部位的近E—W向次级断裂将块体一分为二，针对南、北两个相对独立的块体而言，都具有NW、NE向断裂锐夹角区域内构造高（用+标识），钝夹角区域内构造低（用-标识）的特点。该断块内的构造形态呈斜对称结构，可以用块体的旋扭变形来解释。该块体早期被两组断裂切割成“方形”，在旋扭构造变形作用下，断裂发生走滑运动的同时，也促使块体发生扭动变形，这一方面造成原来的“方形”扭变成“菱形”，另一方面使块体发生扭动变形，形成块内构造形成呈斜对称的扭动构造特征。

三　水平滑移距和纵向偏移距

块体在发生扭动变形的过程中，其扭变应力的方向与走滑断裂的走向肯定具有一定的夹角，这样就会产生两个方面的变形结果：一方面沿走滑断裂的走向产生位移量，块体也发生变形；另一方面垂直于走滑断裂走滑走向也会产生一定的位移量。以EHD三维区的NE向走滑断裂为例进行说明。由图5-14（a）可以看出，NE向走滑断裂在剖面上呈斜卧的花状构造，表明其是在扭变应力作用下形成的一种特殊的走滑构造样式。从常规数据体侏罗系底界的时间切片上，可以发现沿走滑断裂走向发生了一定的位移量［图 5-14（b）］。从三叠系、侏罗系的断裂叠合图可以看出，自深向浅断裂的发育位置向东南方向发生了一定距离的偏移，而且越靠近块体西侧的盆地边部，偏移量越大，向盆地内部偏移量逐渐减小，不同层系的断裂位置趋于重合［图 5-14（c）］。

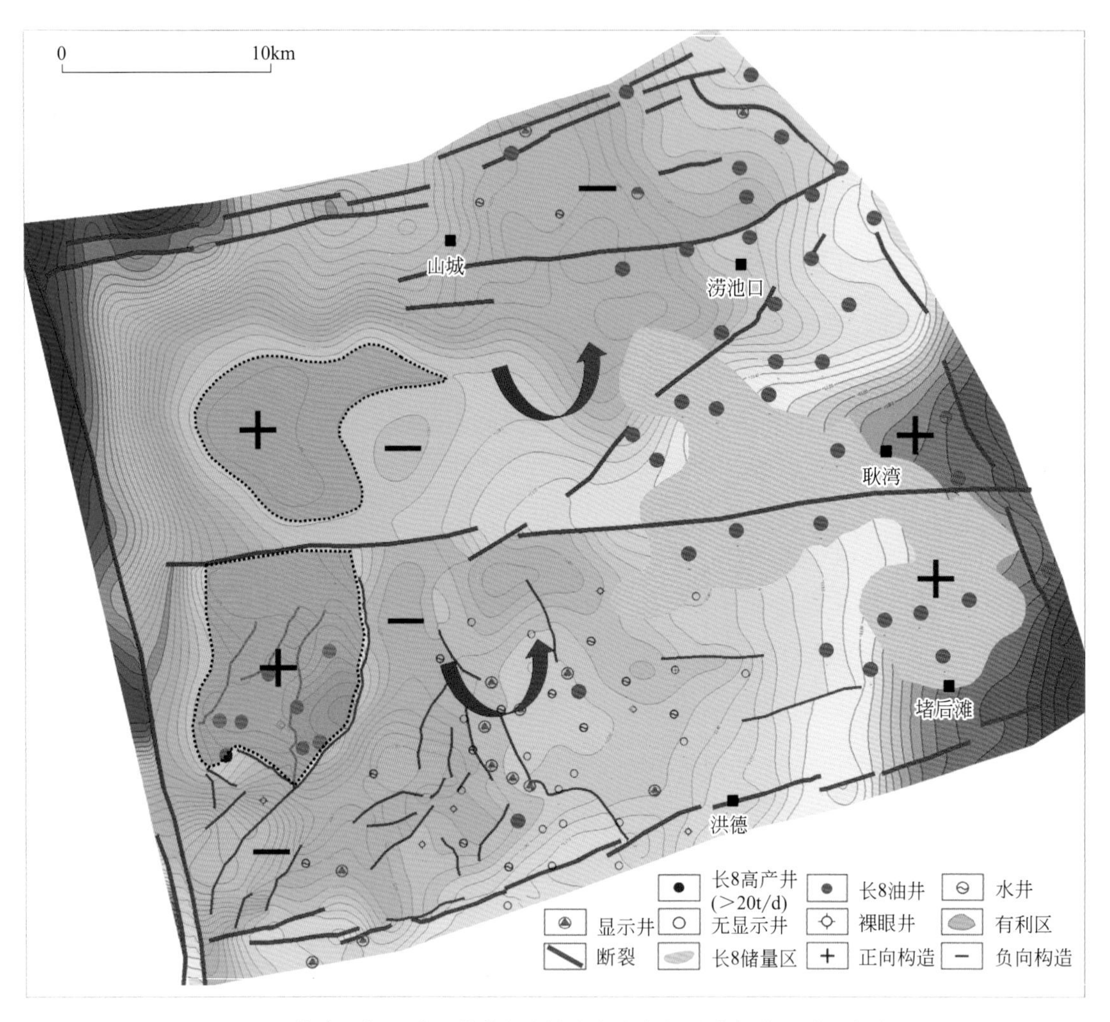

图 5-13　盆地西部山城—洪德断块锐夹角高部位分布规律及成因解释图

由此可见，虽然扭变应力的方向与走滑断裂走向斜交，但可以将其分解为沿断裂走向的走滑应力和垂直断裂走滑的旋转应力，如果应用三维地震能够准确测量沿两个分解应力方向上的位移量，就可以估算块体的旋转方向和角度，进而预测块体内部扭动的变形程度。

（一）水平滑移距的测量

应用常规叠前偏移数据体的时间切片对两条 NE 向走滑断裂带的水平滑移距进行测量。ESC 三维区在白垩系内的最大水平滑移距为 856m，

EHD 三维区在白垩系内的最大水平滑移距为 1506m（图 5-15）。另外，在水平滑移距较大的三维区东部，纵向偏移距的值却较小，在水平滑移距较小的三维区西侧，纵向偏移距的值却较大，这可能揭示了块体在扭动变形的过程中，在靠近应力来源的一侧，以旋转扭动变形为主，在远离应力来源的一侧，以走滑变形为主。这样能够实现扭动变形应力在区域上的均衡。

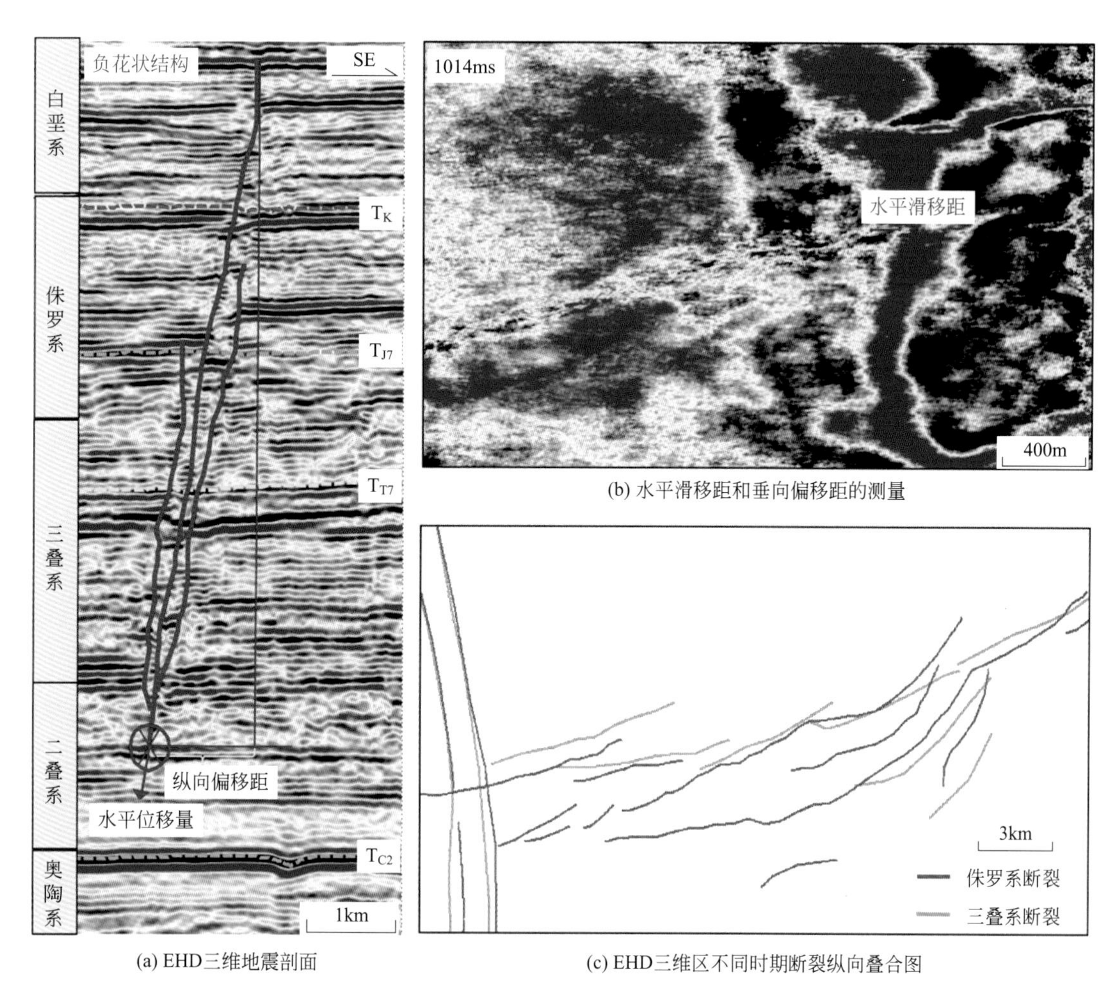

(a) EHD三维地震剖面

(b) 水平滑移距和垂向偏移距的测量

(c) EHD三维区不同时期断裂纵向叠合图

图 5-14　EHD 三维区北东向断裂带地震解析剖面及平面图

（二）垂向偏移距的测量

将 ESC 三维区和 EHD 三维区侏罗系延安组底界、三叠系延长组长 7 段顶界的断裂系统图纵向叠加，测量两条 NE 向走滑断裂的纵向偏移距（图 5-16）。北部 ESC 三维区的走滑断裂向南偏转的最大距离为 365m，南部 EHD 三维区的走滑断裂向南偏转的最大距离为 405m。

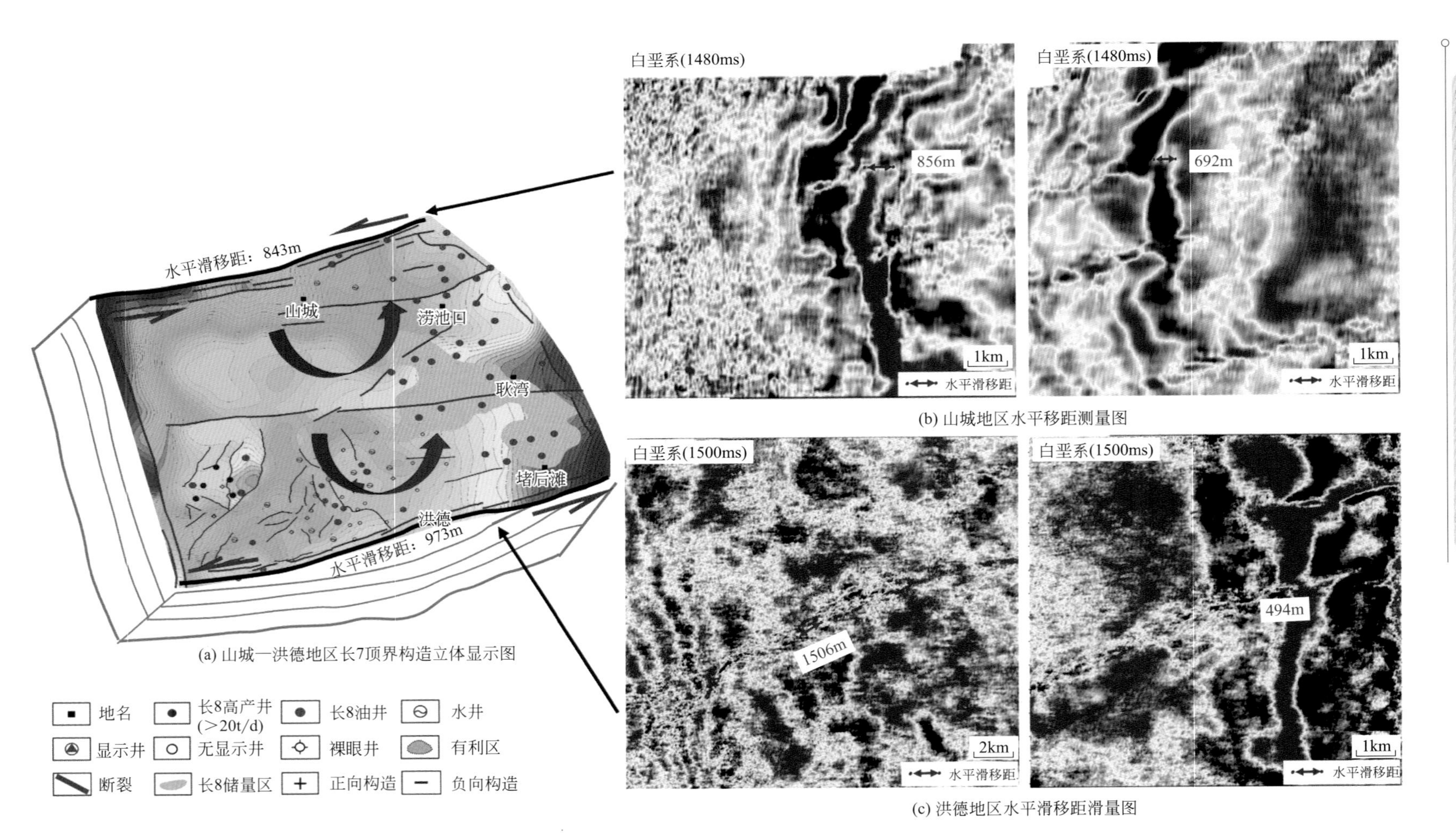

图5-15　山城—洪德断块北东向走滑断裂水平滑移距测量过程示意图

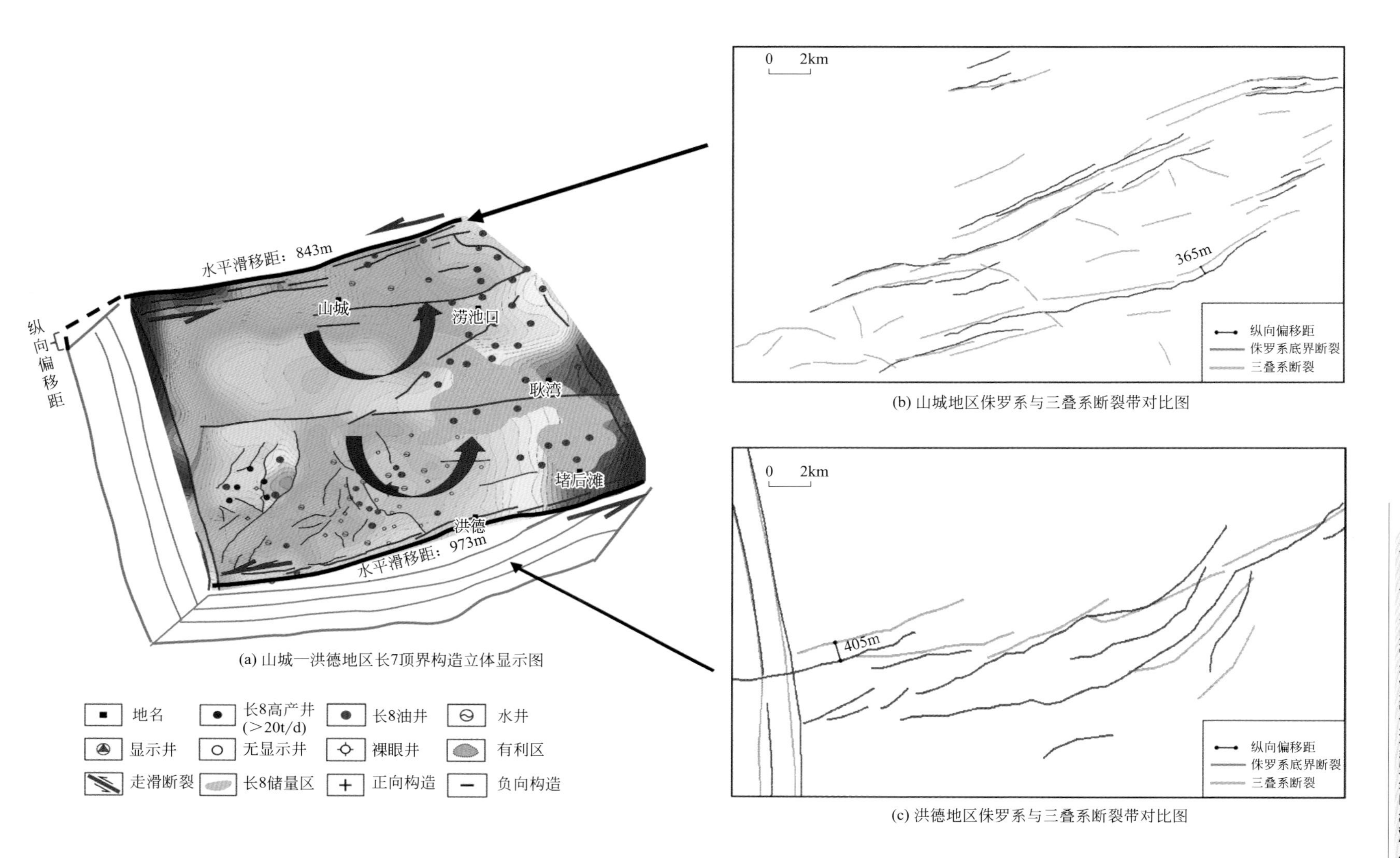

图 5-16　山城—洪德断块北东向走滑断裂带垂向偏移距测量过程示意图

四 块体旋扭角度的计算

在测量了山城—洪德地区中生界断块的水平滑移距和垂向偏移距的基础上，就可近似计算该块体的旋转角度。以旋扭变形程度最弱的东北角为支点，假定块体由原来的方形扭变为菱形（图 5-17）。由以上分析可知，在扭动变形过程中，由于块体本身发生了构造变形，因此，在块体的两个边界位置产生的水平滑移距和纵向偏移距大小是不一样的，那么就可以分别计算两个边界位置的旋转角度，而块体旋转的角度就会处于两者之间。由三角函数关系可知，旋转角度 $\tan\alpha$ 可以近似等于水平滑移距除以垂向偏移距。计算得到块体北部的边界逆时针方向旋转了 25°，南部的边界逆时针方向旋转了 33°，这表明山城—洪德中生界断块发生了 25°～33°的逆时针方向旋转。

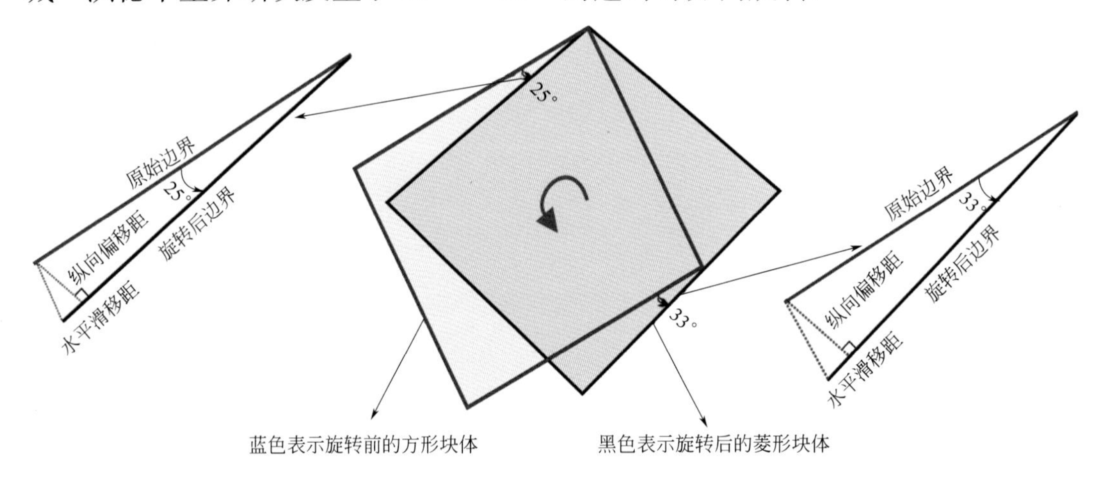

图 5-17 山城—洪德中生界断块旋转角度的测量示意图

第三节 分层旋转运动模式的提出

通过以上对山城—洪德断块旋转角度的计算，证实盆地内部被走滑断裂分割的块体确实发生了一定角度的旋转运动。据此，本研究认为中生界块体的旋转运动在盆地内部具有普遍性，其主要理由有以下几方面。

（1）具备旋转应力发育的条件：在盆缘挤压应力作用下，可在盆地内部形成两组共轭的，具有横向调节性质的走滑断裂带，不同方向断裂带将盆内地层纵向切割成形状和大小各异的块体，为块体旋扭运动孕育了良好的地质条件。另外，由于盆地四周都被不同的山系所环绕，燕山构造运动期盆缘处于多向汇聚的挤压作用，具备块体旋扭运动的应力来源。

（2）具备较低的旋扭运动临界点：有两个方面的地质特征决定了不需很大的旋转应力，块体便会发生旋转运动。第一，盆地内部纵向上发育多套软弱层，自下而上主要有石炭—二叠系煤层、三叠系泥页岩、侏罗系煤层，这些软弱层具有一定的厚度，且在盆地内部区域性稳定分布。在块体发生旋转运动过程中，这些软弱层在其中起到了“润滑”的作用，大大降低了旋转运动的应力临界点；第二，由于走滑相关的旋转运动一般发生在岩石圈上部，该深度范围内的地层呈脆性状态，容易发生破裂走滑。而在岩石圈下部，由于温压条件的提高，沉积地层往往具有塑性状态。在这样的情况下，走滑相关的旋转运动会产生上下之间的分层旋转运动，这也大大降低了旋转运动的难度。

（3）具备方向不同的多期应力作用：盆地周缘自古生代以来，由于产生旋转应力的动力学背景存在很大的差异，因此，不同期次、不同方向应力在盆地内部的叠加、复合，也使盆地内部的块体容易发生旋转运动。

据此，本研究根据鄂尔多斯盆地内部断裂的发育特点，提出了分层旋转运动学模式（图 5-18），用来解释走滑断裂及相关块体的成因，其地质内涵包括以下几个方面：

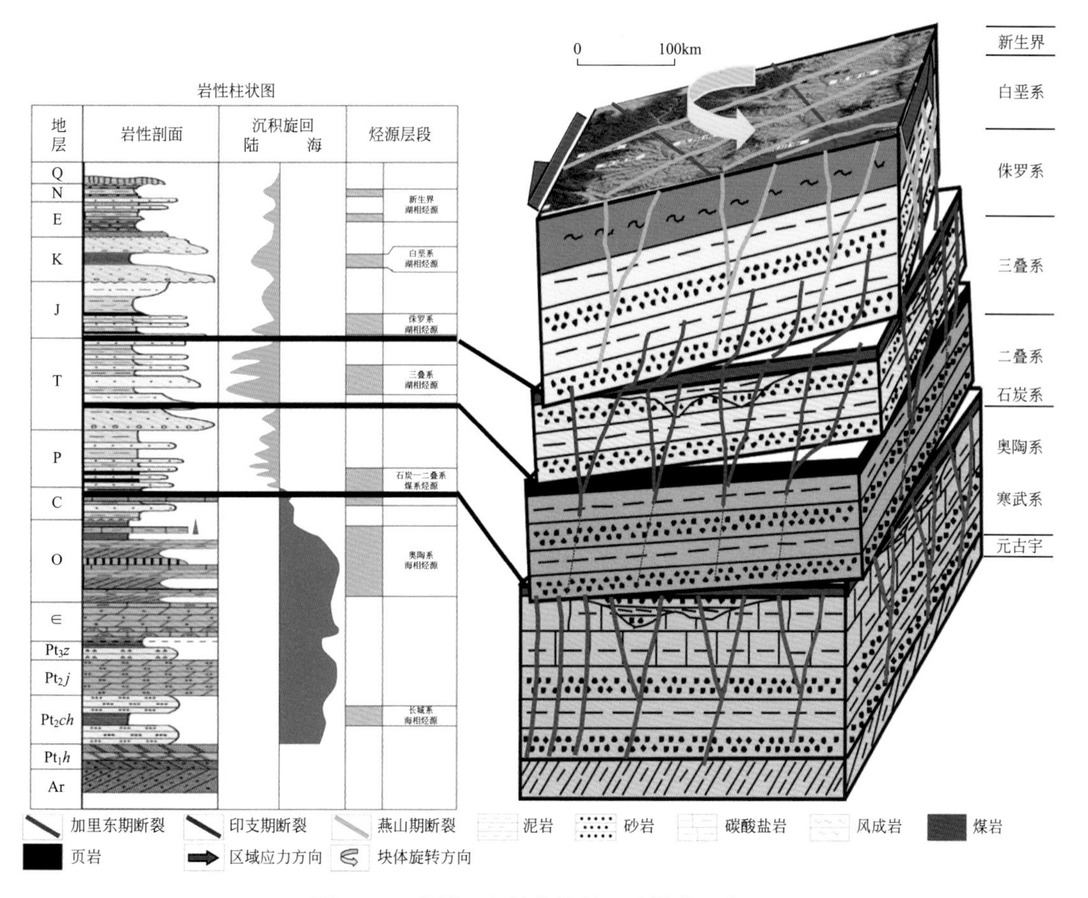

图 5-18　盆地西部块体旋转运动模式示意图

第一，这里所谓的“分层旋转”，具有两个方面的含义。一方面表示在一个块体内，埋藏较浅的地层旋转角度大，向下随着埋深的增大，旋转角度逐渐变小；另一方面表示在一个统一的块体内，由于软弱层的存在和深部地层的塑性变形，埋藏较浅的地层发生较大角度的旋转运动，而埋藏很深的地层几乎不发生旋转运动。

第二，块体的旋转运动时间往往和区域构造事件具有一致性，而构造事件的发生时间是突变的，而不是渐进的，因此，盆地内部块体的旋转运动也是集中在某一短暂的地质时间内，而不是呈渐变式的有序的旋转。

第三，各个块体的旋转运动往往具有相对的独立性。相邻的两个块体可以在旋转角度和旋转方向上存在差异，也可以保持相对的统一性。

第六章 走滑断裂的分期演化及动力学背景

叠合盆地往往是多期构造复合、叠加的最终结果，每一期盆地的性质对应一个相对统一的动力学背景。在相对统一的动力学背景下，必然会形成一些与之对应的沉积构造特征，断裂就是其中最为重要的构造特征之一。由于多期构造的复合、叠加作用，往往会在多套构造层序中形成多种性质的断裂体系，或使同一条断裂多期活动，构造现象更为丰富。如第四章所述，在鄂尔多斯盆地内部，断裂在垂向上具有明显的分层特征，也就是说，后期形成盆地内部的断裂体系，绝大部分不会改造或叠加到下伏的早期盆地的断裂体系之中，这是克拉通叠合盆地内部断裂最为鲜明的构造特色。

据此，本章在以上章节对断裂垂向分层特征论述的基础之上，结合其他方面的证据，对断裂形成的期次进行划分，然后结合前人的研究成果，对各个期次断裂形成的机制及构造背景进行探讨。

第一节 断裂期次划分方法

一 层位约束法

在鄂尔多斯盆地内部，依据分层特征进行断裂期次划分类似于传统的切穿层位法。切穿层位法是依据断裂向上切割的最新地层年代来判断断裂的形成时间，一般断裂形成的时间不早于切割的最新地层对应的时间。

由第四章论述可知，由于盆地内部大部分地区的石炭系以上地层近似水平分布，数千米厚的地层内的断裂系统具有明显的分层特征，这表明晚期的构造活动对早期的构造影响不大，体现了构造变形的分层特征。每一期与断裂相关的构造变形都对应该历史阶段的构造运动，这为断裂期次的划分提供了一种有效的方法之一。盆地内部自下而上主要可分为寒武—奥陶系、石炭系—中下三叠统、（中）上三叠统、侏罗系及以上四套构造层，每一套构造层内的构造特征记录了构造（断裂）运动的时间、方式和作用过程。因此，可依据每一套构造层内断裂的切割层位、展布方向、断裂发育频率等特征来反推该套构造层所对应的构造运动的活动时间和一般性特征。本研究主要依据盆地西部多块三维区不同构造层内的断裂发育特征，初步将断裂的形成期次划归三期，即加里东期、印支期和燕山期。

加里东期对应寒武—奥陶系内的断裂系统，后期的微弱活动可能影响到石炭系及下二叠统附近；印支期对应（中）上三叠统内的断裂系统，后期的微弱活动可能会影响到下侏罗统；燕山期对应侏罗系及以上地层的断裂系统；海西期对应石炭系—中下三叠统，该套地层内断裂不发育，一般可认为是下构造层和上构造层之间的过渡层。喜马拉雅期没有对应的完整构造层，是否发育断裂难以判断。

二 不整合面约束法

不整合面的形成往往对应构造活动较为剧烈的区域构造运动，其结果一方面造成区域构造抬升，形成大型不整合面；另一方面在盆地内部的区域范围内会产生一定程度的构造变形，断裂就是构造变形的主要方式之一。因此，断裂的形成时间往往与盆地内部的大型不整合面的发育时间具有较好的一致性。

鄂尔多斯盆地内部主要发育四个大型的不整合面，即基岩 / 元古宇、寒武—奥陶系 / 石炭（二叠）系、三叠系 / 侏罗系、侏罗系 / 白垩系。这些大型不整合面是断裂分层的主要约束界面，也是限定断裂形成时间的重要地质界面。依据主要不整合面对应的构造运动即可划分断裂的形成期次。

三 岩浆活动约束法

盆地岩浆活动一般是区域构造运动的产物，往往与大型不整合面的形成时间相对应，都是在统一构造运动背景下产生的两种构造现象。如上所述，盆地内部的主要不整合面、构造（断裂）变形、岩浆活动都是区域构造运动的产物，三者在形成或活动的时限上是近似一致的。因此，可以通过确定盆地及周缘岩浆活动的时限，来推测盆地内部断裂的形成及活动时间。目前，在鄂尔多斯盆地及周缘已发现的岩浆活动的地区较少，主要有13个（可疑）岩体（图6-1），分别为：（1）伊克乌素岩体；（2）乌海东岩体；（3）天环北岩体；（4）汝箕沟—鼓鼓台岩体；（5）马家滩—吴忠可疑岩体；（6）天池岩体；（7）佳县西可疑岩体；（8）紫金山岩体；（9）同心东岩体；（10）炭山岩体；（11）桐城—崇信岩体；（12）龙门岩体；（13）塔儿山岩体。这些岩体形成的地质年代各异，大部分形成于燕山期，个别形成于印支期或喜马拉雅期。

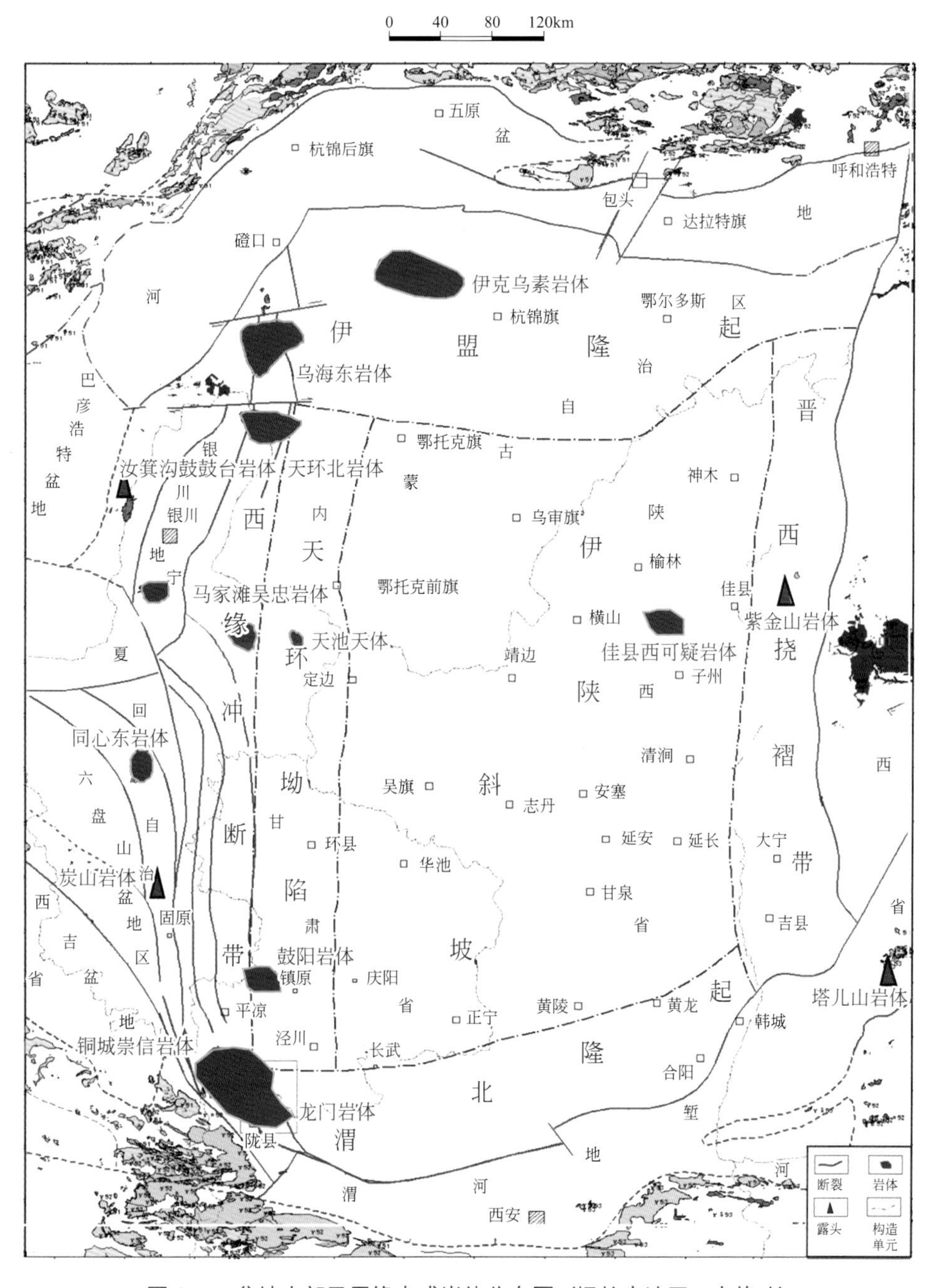

图6-1　盆地内部及周缘火成岩体分布图（据长庆油田，有修改）

四 断裂切割关系

在平面或剖面上，依据晚期断裂切割早期断裂的地质原理，来进行断裂形成期次的判断。这种方法只能判断两组断裂形成时间的相对早晚，无法确定断裂形成的绝对年龄。

以 EGFZ 三维区为例，由图 6-2 可以看出，在 NW、NE 向断裂的交汇部位，由于构造特征的相互影响，地震剖面上断裂响应特征较为复杂，无法应用切穿层位来判断两组方向断裂的早晚。但在相干平面图上，可以看到 NE 向断裂切割了 NW 向断裂，这一特征较为明显，表明 NE 向断裂形成的时间要晚于 NW 向断裂。结合其他方面的证据，本区 NW 向断裂主要形成于印支期、NE 向断裂形成于燕山期，这与应用断裂切割关系法得到的结论一致。

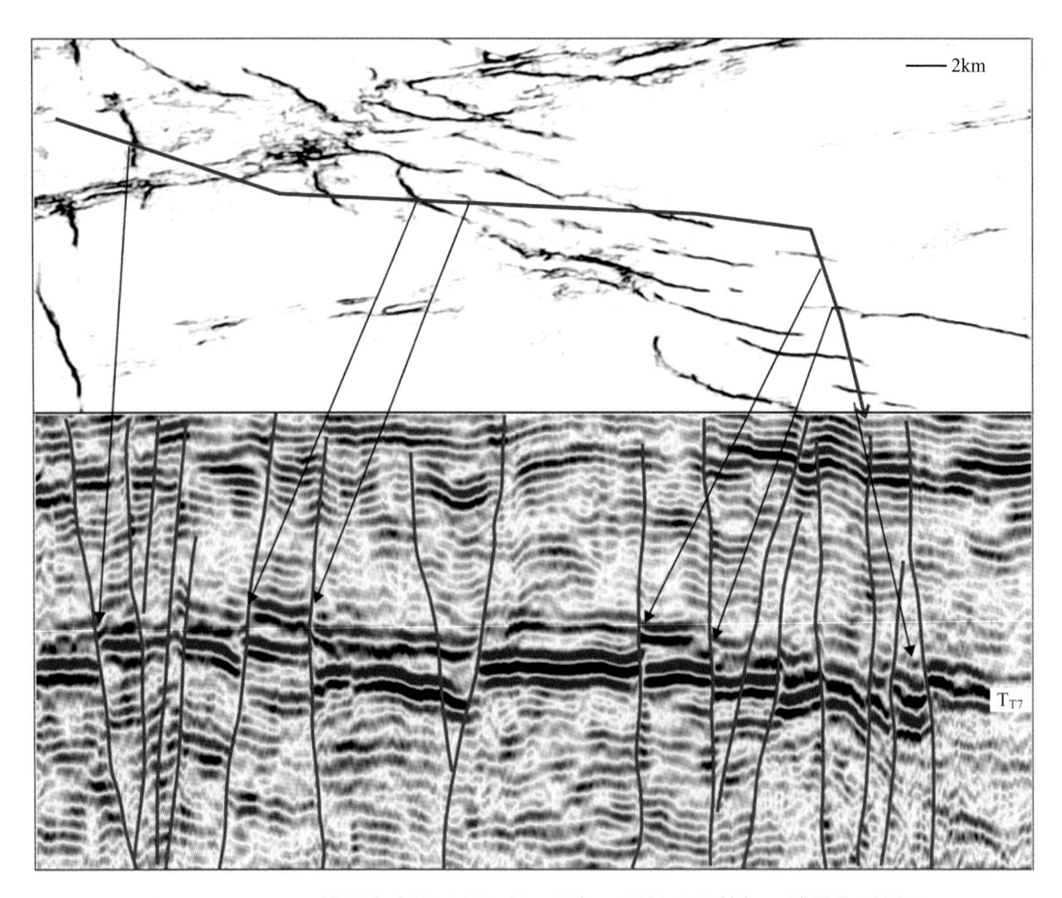

图 6-2　EGFZ 三维区中生界延长组长 7 段相干属性平面特征及地震典型剖面

判断断裂形成时间的方法较多，比如断裂带内填隙物定年法（刘行松等，1992；李月等，2010，2017；申俊峰等，2007）、生长指数法、古落差法（陈刚等，2008）等。通过这些方法的定年，为断裂期次划分提供重要的依据。本研究在断裂分层特征的基础上，通过不整合面结构特征、岩浆活动时限来判定断裂的形成期次。

第二节　盆内断裂期次划分

综合上述断裂分层特征、不整合面结构特征、岩浆活动约束三种方法，将盆地内部古生界及以上地层的断裂系统划归三期，分别为加里东期、印支期和燕山期。下面依次展开详细论述。

加里东期断裂

依据断裂在寒武—奥陶系断裂的分层特征，结合不整合面结构特征，将寒武—奥陶系断裂体系划归加里东期断裂。

（一）下古生界 / 上古生界不整合面结构特征

前石炭纪不整合面主要表现为石炭系、二叠系与下伏的寒武系、奥陶系不同层段之间的不整合。由前石炭纪古地质图可以看出，盆地西部发育中央古隆起，东部发育北西和北东向的沟槽体系［图 6-3（b）］。将中央古隆起南部三维区的奥陶系顶界断裂系统与前侏罗纪古地质图进行纵向叠合［图 6-3（a）］，可见奥陶系内部的断裂系统与中央古隆起的展布方向自北向南具有较好的一致性，在北部盐池—环县一带呈正南北向展布，在环县—合水一带的古隆起核部区呈北北西向展布，这从一定程度上表明古隆起和近南北向断裂带是在统一区域应力场作用下形成的同期构造系统。通过前石炭纪地层尖灭线的厘定，发现在环县—合水一带寒武、奥陶系的地层尖灭线与该层段内的断裂展布方向一致，也呈北北西向［图 6-3（c）］。由此可见，前石炭纪的地层尖灭带、古隆起形态与奥陶系顶界的断裂带在展布规律上三者具有很好的一致性，这表明该层段内断裂带形成于中央古隆起急剧隆升、地层逐渐向古隆起上剥蚀尖灭的地质背景之下，将其划归加里东期断裂带。

三维地震解释揭示，盆地中部的奥陶系顶界断裂系统为 NW、NE 向展布，与寒武系、奥陶系顶界的沟槽体系具有一定的相关性。这也表明了寒武—奥陶系内部的断裂体系对沉积格局具有一定的影响，将该期断裂形成的时间较好地限定在加里东期。

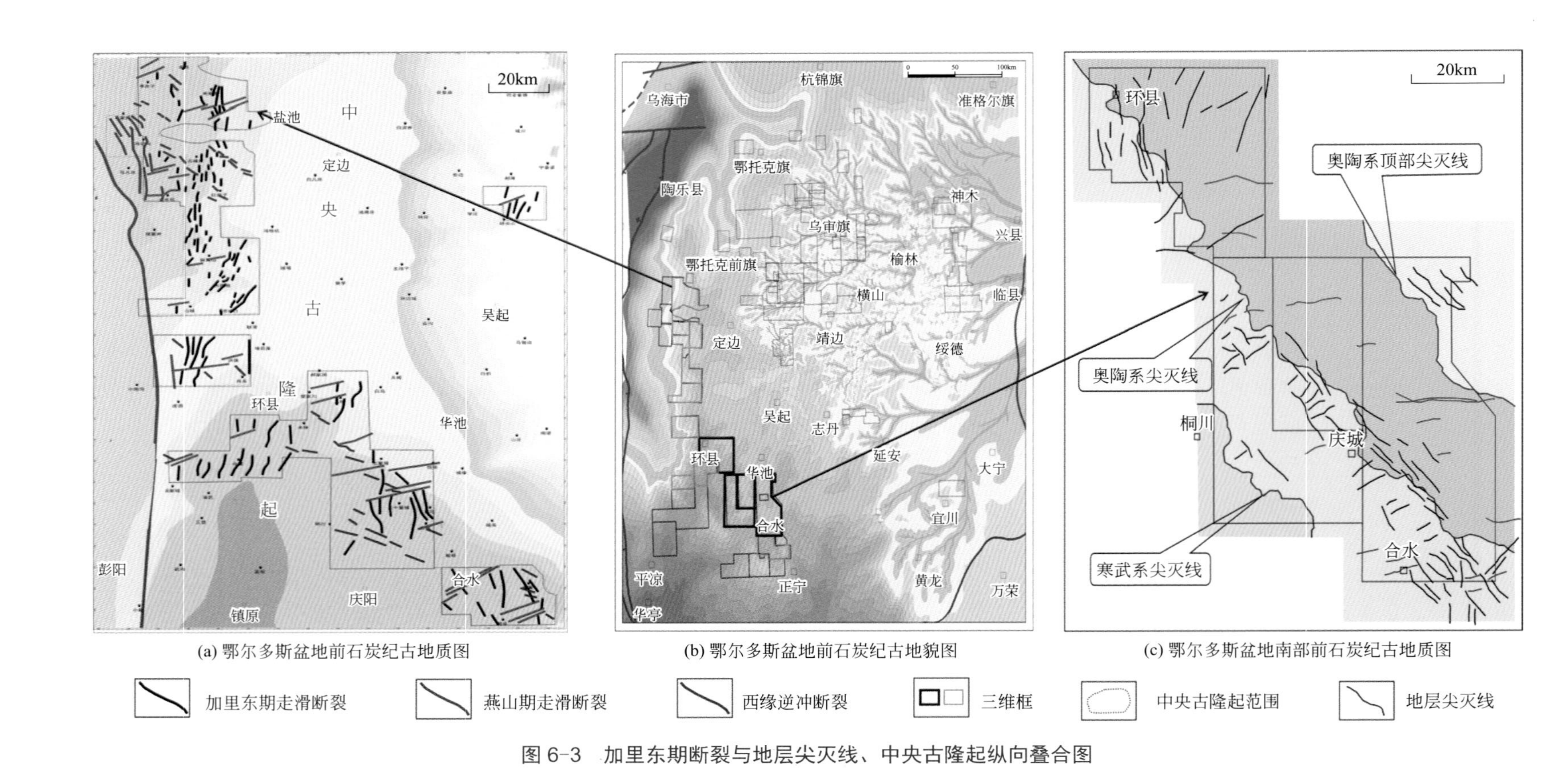

图 6-3 加里东期断裂与地层尖灭线、中央古隆起纵向叠合图

（二）古生界断裂的分层特征

如第四章所述，下古生界寒武—奥陶系断裂为三组，分别为近 N—S、NW、NE 三组方向断裂，石炭系—中下三叠统内断裂不发育。古生界断裂的分层特征也将寒武—奥陶系内断裂的形成时间限定在加里东期。

印支期断裂

依据三叠系 / 侏罗系、侏罗系延安组 / 直罗组不整合面结构特征、分层特征将上三叠统—中下侏罗统层段内的断裂体系划归印支期。

（一）三叠系 / 侏罗系不整合面结构特征

前侏罗纪不整合为三叠系延长组与侏罗系延安组及富县组之间的平行不整合。晚三叠世，盆地整体抬升，受构造抬升及水流侵蚀作用双重作用的影响，在三叠系顶面形成了千沟万壑的古地貌景观。应用印模法对盆地古地貌进行恢复表明，古地貌由姬塬高地、演武高地、子午岭高地、宁陕古河、蒙陕古河、甘陕古河、庆西古河 7 大二级地貌单元构成（图 6-4），每个二级地貌单元可进一步划分为残丘、丘咀、支沟等三级地貌单元。

三维地震解释揭示，古地貌形态与 NW、NE 向断裂的展布规律具有较好的对应关系。值得关注的是，盆内古峰庄、合水地区的 NW 向雁列式走滑断裂带位于古河道的两侧，且与古河的展布方向平行；环县、庆城地区的 NE 向走滑断裂带位于甘陕古河的南北两侧，也与古河道的展布方向平行，表明断裂对古河道的形成发展具有一定的控制作用。从地震剖面可以看出，甘陕古河及庆西古河两侧各发育 1 组近似直立的“Y”字形断层，两组断裂与古河道的发育位置也呈现一定的对应关系（图 6-5）。结合以上断裂与古地貌在空间上的匹配关系，认为前侏罗纪古地貌为一套具有构造成因的沟谷体系。

因此，通过以上分析，表明前侏罗纪古地貌与断裂是同一时期构造背景下产生的地质构造响应，将（中）上三叠统层段内的断裂体系划归印支期。

（二）侏罗系延安组 / 直罗组不整合面

侏罗系延安组和直罗组在盆地本部为一个平行不整合面。在直罗组底部，应用 EGFZ 三维区振幅属性切片，发现多呈近南北向展布的古河道，主要位于工区的东北部（图 6-6）。直罗组底部古河道宽度约为 500 ～ 700m，切割深度一般小于 30m。通过将中生界两组走滑断裂体系与直罗组底部古河道叠置后发现，NE 向走滑断裂与古河道大角度相交，不存在共生演化的关系。结合上述断裂与前侏罗纪古地貌之间的对应关系，认为断裂形成于直罗组底部古河道沉积之前，对该期古河道的发育及演化的影响作用不明显。

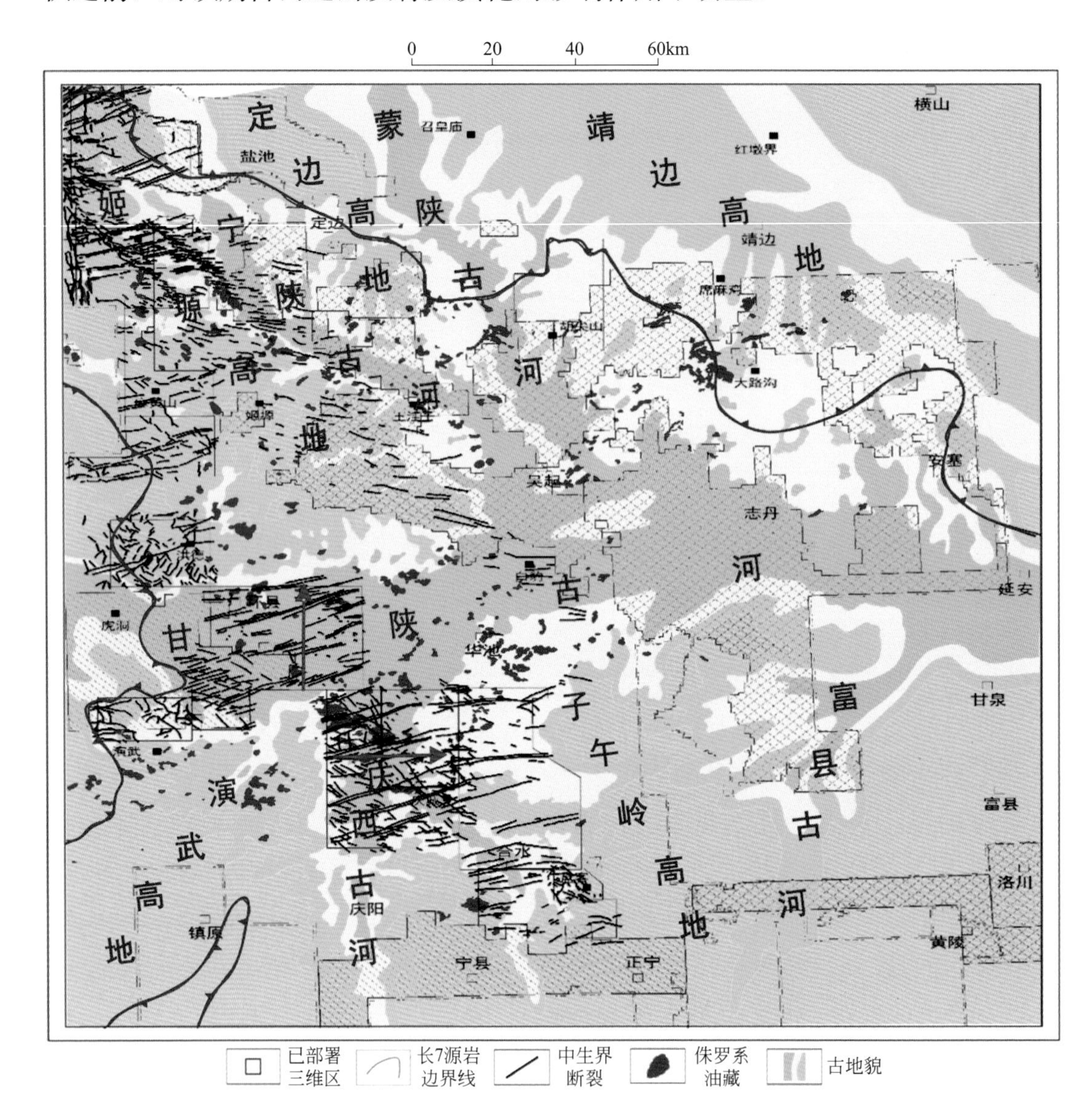

图 6-4 盆地南部前侏罗纪古地貌与断裂体系叠合图

由此可以从侧面佐证，（中）上三叠统层段内的断裂体系主要形成于印支期不整合面的形成阶段，后期断裂构造活动并不强烈。

（三）中生界断裂分层特征

如第四章所述，（中）上三叠统发育 NW、 NE 两组方向的断裂带，局部地区 NW 向断裂规模较大，活动作用较为明显，如古峰庄地区；也有一些区域 NE 向断裂规模较大，如环县地区。这两组方向断裂大致都发育前侏罗纪不整合面上、下附近地层内，结合区域构造演化特征，将该套地层内的断裂体系划归印支期。

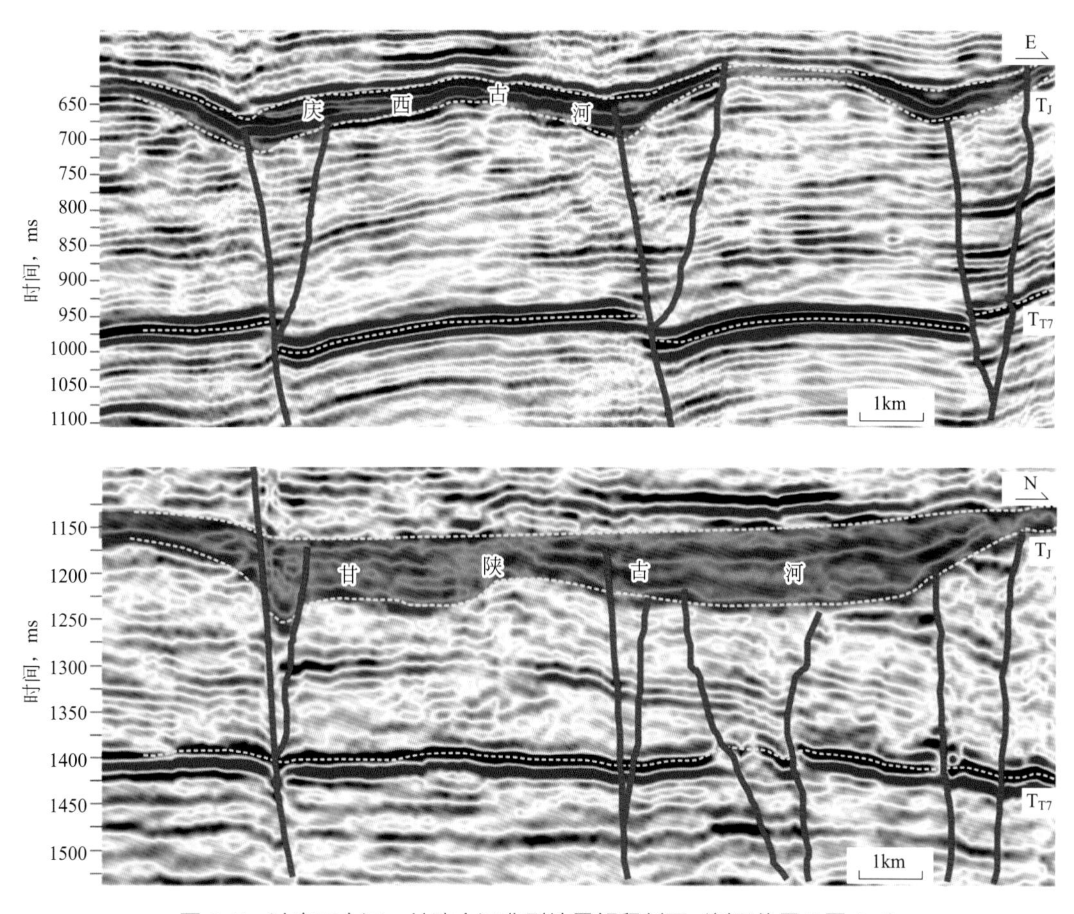

图 6-5　过庆西古河、甘陕古河典型地震解释剖面（剖面位置见图 6-4）

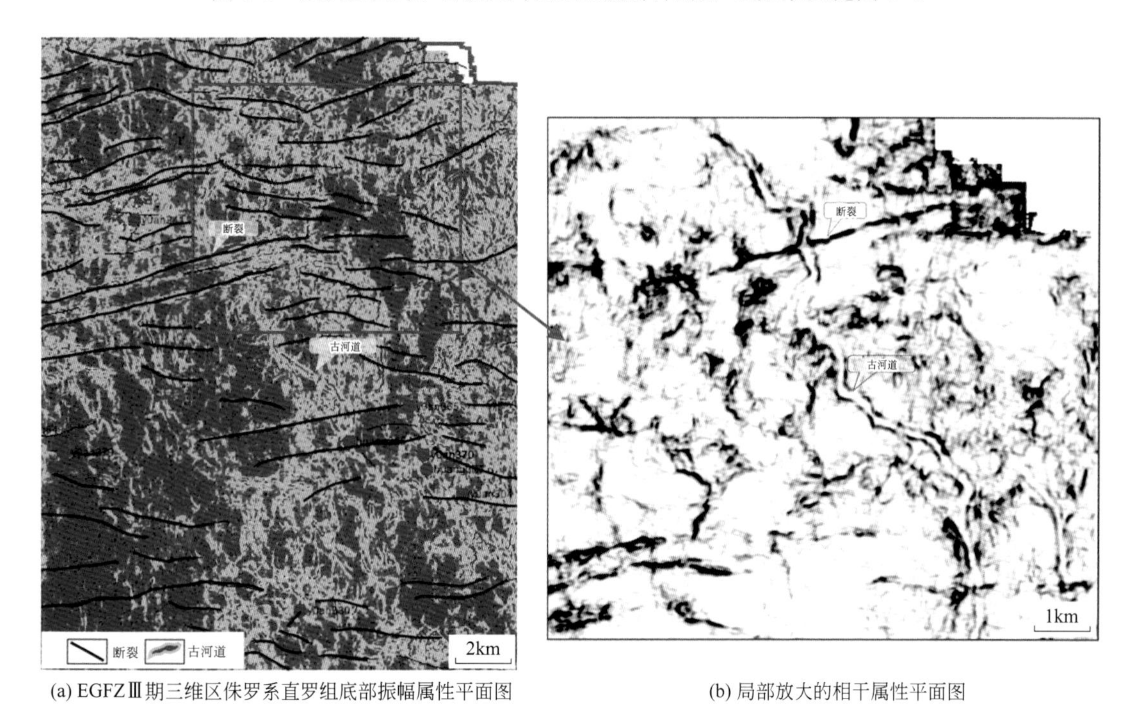

(a) EGFZ Ⅲ期三维区侏罗系直罗组底部振幅属性平面图　　(b) 局部放大的相干属性平面图

图 6-6　EGFZ 三维区直罗组底界古河道与断裂叠合图

燕山期断裂

依据现今地貌特征、岩浆活动时限及断裂的分层特征，将侏罗系及以上层段内的断裂划归燕山期断裂。

（一）现今地貌特征

盆地南部为典型的黄土塬地貌，可分为沟、卯、塬、梁等地貌单元。现今地表残留的新生代地层很局限，出露的成岩地层大多为下白垩统，第四系黄土大多覆盖在白垩纪地层之上。综合区域资料分析认为，侏罗系及以上地层的断裂体系应代表了燕山期构造运动的产物，一方面因为该套地层对应的构造运动即为燕山运动主幕；另一方面燕山运动是鄂尔多斯盆地经历的最为剧烈的构造运动，对盆地内部构造具有非常深刻的影响，在盆内形成的断裂系统就是最为重要的证据。在现今的黄土沟谷体系中，可见黄土下伏的白垩系洛川组及宜君组砂砾岩。早期二维黄土塬测线沿沟部署，对于顺沟发育的断裂体系很难刻画。近几年的三维地震揭示，现今地表的沟谷体系与燕山期断裂的展布方向几乎一致，且与下伏的印支期断裂系统呈小角度相交，表明印支期到燕山期盆地区域内具有旋转性质的应力场。

由图 6-7 可以看出，EHQ 三维区侏罗系底部的印支期断裂呈 NNE 向展布［即图 6-7（b）中的黄线］，在现今地表呈近 E—W 向展布，即河道展布方向［即图 6-7（b）中的黑线，图 6-7（c）中的蓝色代表河道］。两者之间呈小角度相交，自深向浅发生了顺时针方向的旋转。现今地表的近 E—W 向断裂控制了河流的取道方向，河流流向与断裂展布方向一致［图 6-7（c）中的蓝色代表河道］。这表明了燕山期的断裂体系控制了地表沟谷体系及现今河流的流向。EYWB 三维区侏罗系底部的印支期断裂呈 NWW 向展布［图 6-7（d）中的黄线），在现今地表呈近 NNW 向展布［图 6-7（d）中的黑线，与图 6-7（e）图中的黑线为同一根线，都代表现今河道走向］，两者之间呈小角度相交，自深向浅也发生了顺时针方向的旋转，现今地表的 NNW 向断裂控制了河流的取道方向。EHQ 三维区与 EYWB 三维区相邻［图 6-7（a）］，两者的白垩系底界断裂体系与现今河谷体系展布方向一致，表明燕山期断裂发育区是相对的构造薄弱带，是现今河道取道的主要走向。

（二）岩浆活动的时限

从盆内及周缘三个岩体的定年来间接判断断裂的形成时间，这三个岩体依次是龙门岩体、天池隐伏岩体、紫金山出露岩体，下面依次介绍。

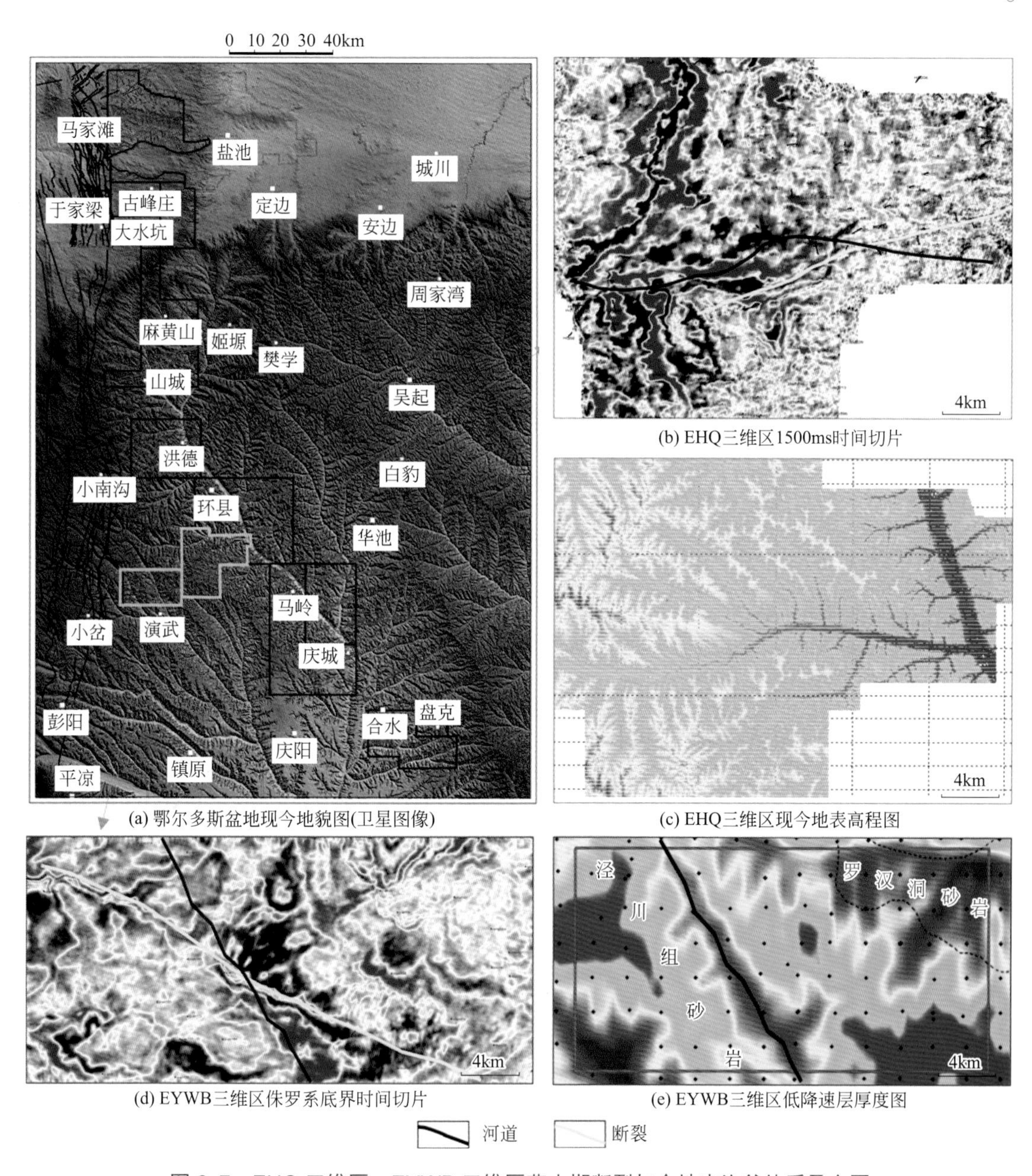

(a) 鄂尔多斯盆地现今地貌图(卫星图像)

(b) EHQ三维区1500ms时间切片

(c) EHQ三维区现今地表高程图

(d) EYWB三维区侏罗系底界时间切片

(e) EYWB三维区低降速层厚度图

图 6-7　EHQ 三维区、EYWB 三维区燕山期断裂与今地表沟谷体系叠合图

1. 龙门岩体

龙门隐伏碱性杂岩体位于甘肃省灵台县龙门乡，岩浆岩分布面积约 700km^2，以喷溢相为主。岩体侵入至延长组及下伏沉积地层，呈岩墙、岩脉或岩床状产出，香 1 井钻遇霞石正长斑岩、角闪二长正长岩、霓辉二长斑岩、白榴正长斑岩、角闪二长闪长岩和碱性长石正长斑岩，侵入累计厚度分别为 59m、463m、14.4m、10.62m、28.2m 和 27.57m（翁凯等，2005），龙 1 井在延长组底部钻遇深灰、灰绿色霞石正长岩（图 6-8）。对龙门隐伏碱性杂体进行锆石 CL（阴极发

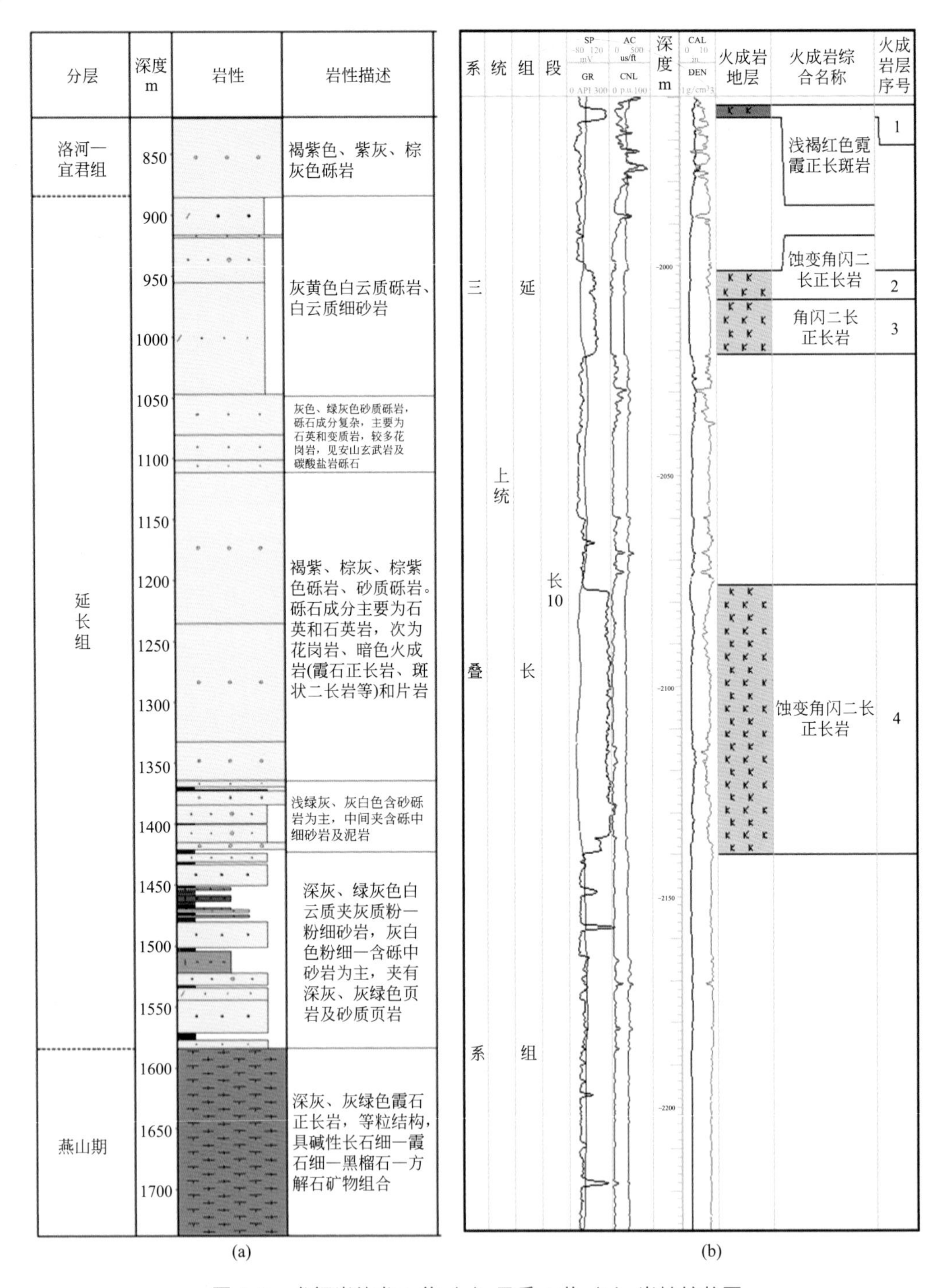

图 6-8　龙门岩体龙 1 井（a）及香 1 井（b）岩性柱状图

光）和 LA—ICP—MS（激光剥蚀电感耦合等离子体质谱）法单颗粒锆石微区 U-Pb 测年表明，该岩体发育时代主要有两期，一期为印支期，加权平均年龄为 (241.6±1.9) Ma；另一期为燕山期，加权平均年龄为 (108±1) Ma。综合分析表明，龙门地区在早—中三叠世为陆内裂谷环境。龙门岩体附近没有取得石油及天然气勘探的突破，只有在侏罗系直罗组附近获得了 $64m^3$ 的气流，该地区由于岩体的侵入造成延长组长 7 烃源岩缺失。李荣西等（2002）利用地球物理资料，对龙门岩体进行了精细刻画，将龙门岩体划分为火山口相、喷溢相及侵入相（图 6-9）。二维地震剖面上，清晰可见该岩体的形态，呈蘑菇状，龙 1 井钻在岩体的顶部，香 1 井、龙 2 井钻在岩体的侧翼，主要为火成岩夹层。岩体向上刺穿白垩系，由此判断该岩体主要形成于晚侏罗—早白垩世，为燕山期岩体。

2. 天池隐伏岩体

天池隐伏岩体位于吴忠—马家滩岩体正东，该岩体已被天深 1 井钻探资料所证实。井深从 4898m 至 5106m 深度范围，主要位于蓟县系长城组地层中，从下向上共钻遇 6 条岩脉，岩脉视宽度分别为 6.5m、26.5m、31.5m、10m、13m、6m，岩性为蚀变辉绿岩。

天池隐伏岩体发育区 20 世纪 80 年代采集有一小块三维资料，面积约为 $100km^2$ 左右。三维地震解释表明，天池岩体上部石炭、二叠纪煤系地层构造近圆形隆起，似穹窿构造［图 6-10（a）］，构造变形卷入的最新地层为侏罗系直罗—安定组。同时，天池穹窿构造中心发生塌陷，为一个受北西、北东向挟持的负向断块［图 6-10（b）］。天深 1 井就钻在负向断块之上，在奥陶系有含气显示，但试气失利。天 1 井位于穹窿构造的高部位，在山西组试气获得 $16.9\times10^4m^3/d$ 的高产气流。综合判定认为，天池构造是一个受深部岩体控制的热力构造，岩浆的活动提高煤系源岩热演化值的同时，也形成一个储气构造，穹窿构造顶部次高部位成藏最为有利，而顶部热塌陷不利于天然气的聚集成藏。

赵孟为（1996）针对庆 36 井和天深 1 井二叠—三叠系砂岩、泥岩中获得的自生伊利石矿物，测得的 K—Ar 同位素年龄为 170 ～ 160Ma，表明该岩体活动的时间是在中侏罗世晚期。同时结合天池热力构造卷入的最新变形地层时代，认为该岩体活动的主要时间是在中侏罗世中晚期，为燕山期岩体。

3. 紫金山出露岩体

紫金山出露岩体位于盆地中部东缘的晋西挠褶带内，处于 38° 横向构造转换带与离石深大断裂的交汇部位。该岩体以向南半开放的火山口形态呈北西—南东向展布，出露部分长 7.5km，宽 4km，出露面积 $23.3km^2$。地表可见岩体的围岩为中三叠统纸坊组灰绿色长石砂岩，岩体东南、东北、西北部被第四系覆盖（王润三等，2008）。紫金山岩体是我国发现最早的碱性岩体，超浅成岩—浅成脉岩—喷出岩三个岩相带全部具备，表明该岩体是不同期次侵入及喷发岩相的综合产物。

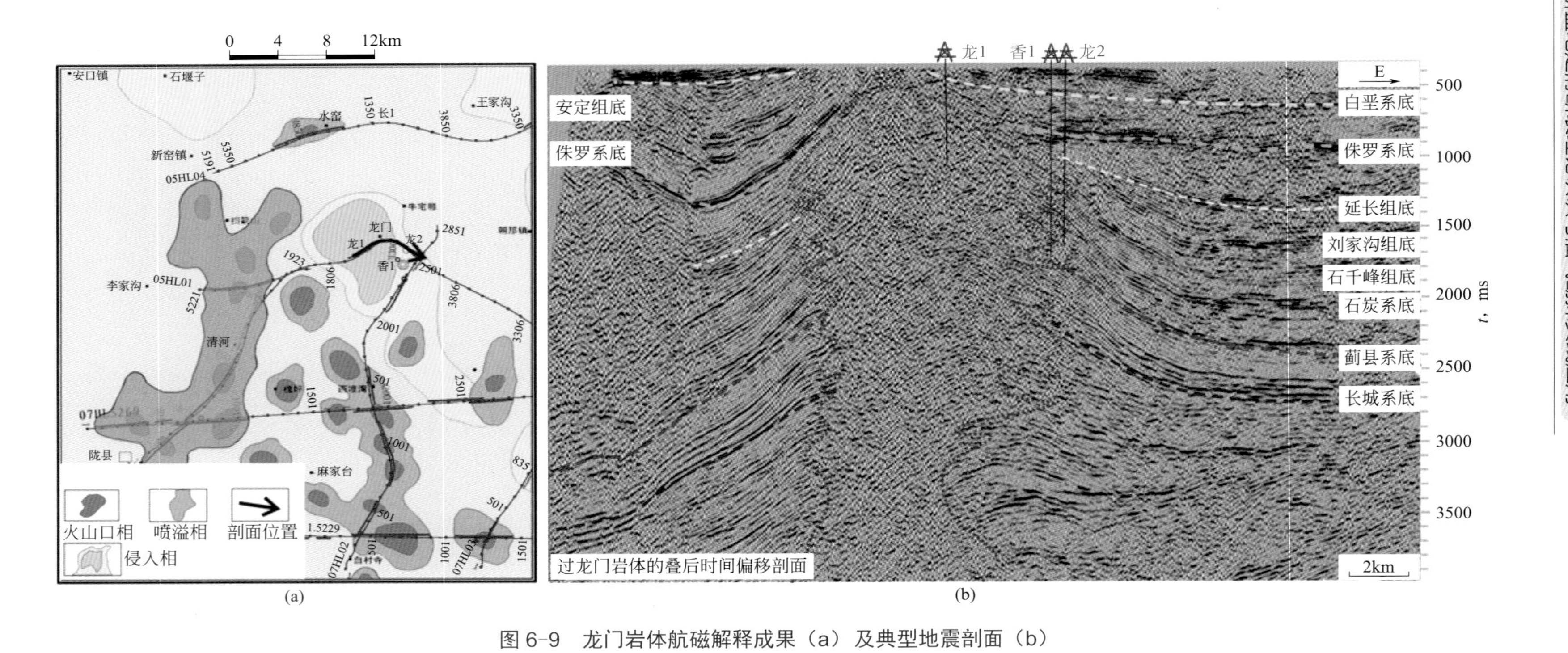

图 6-9　龙门岩体航磁解释成果（a）及典型地震剖面（b）

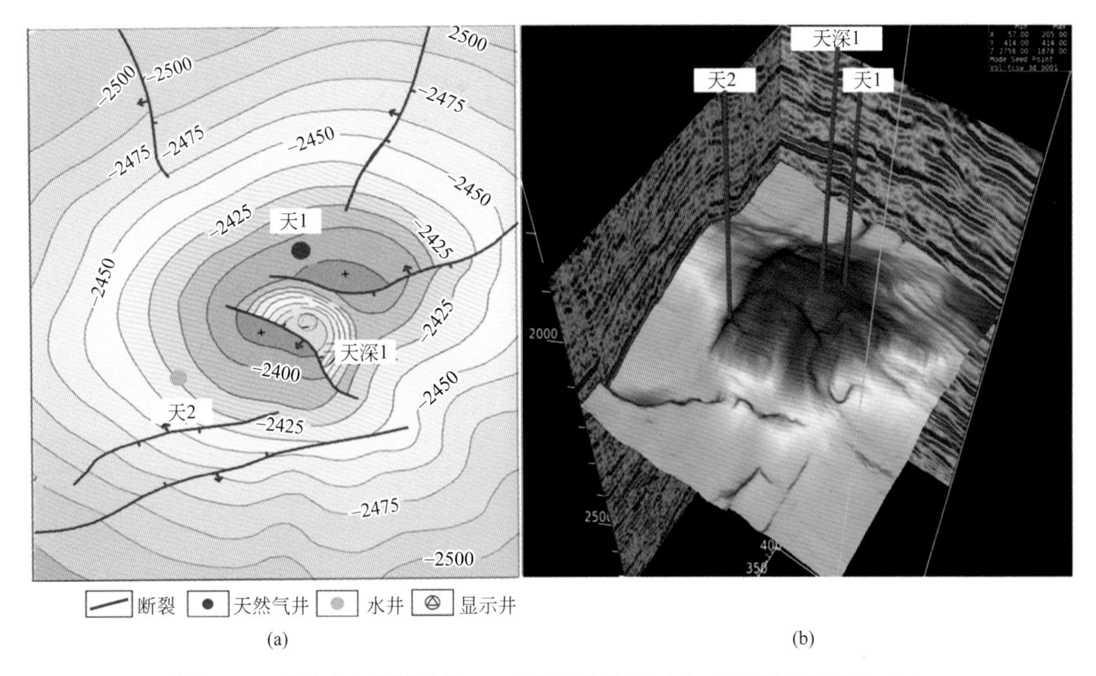

图 6-10 盆地中部天池构造 T_{C2} 反射层构造图（a）及三维立体显示（b）

近年来，该区部署的三维地震解释成果揭示：紫金山岩体的侵入规模远远大于喷发（出露）规模，火成岩体平面分布范围大于 250km^2，各岩带呈“半环形”分布（邹雯等，2016）。该岩体侵入层位主要为奥陶系，其次为二叠系下石盒子组（图 6-11）。火成岩体侵入及喷发形成的断层与区域构造应力作用形成的断层相叠加，使断层呈“网格化”结构，这为深部天然气向浅层古生界及中生界储层中运移及聚集提供了有利条件。同时，紫金山岩体分布的临县—兴县地区，受火成岩的影响，古生界煤系地层的热演化程度明显高于邻区，而且天然气的产量及含气层的数量明显要好于北邻的府谷地区（傅宁等，2016）。

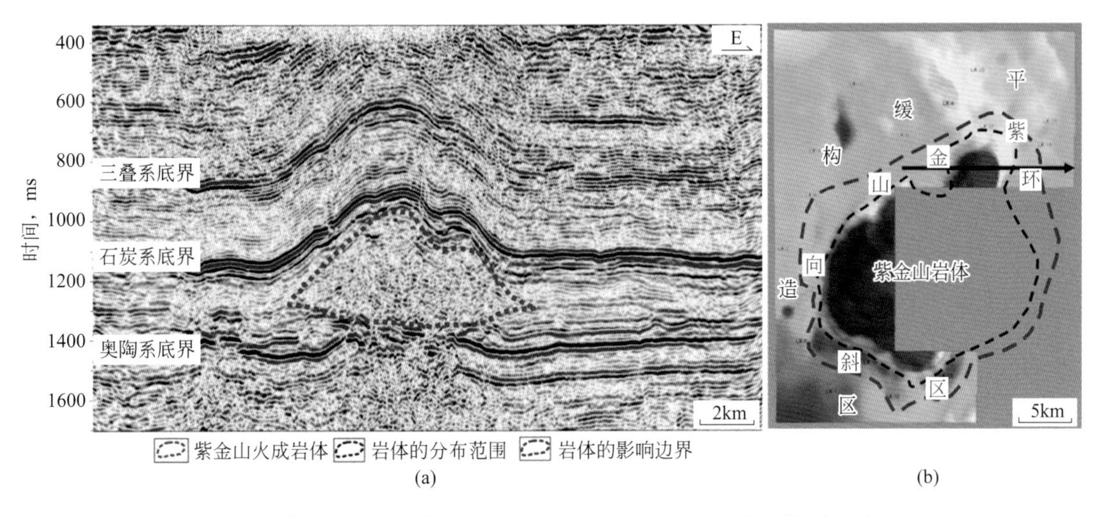

图 6-11 盆地东部过紫金山岩体典型地震剖面（a）及地震等时切片（b）

紫金山岩体测试的年龄值较多。肖媛媛等（2007）测定霓霞正长岩的锆石U—Pb年龄为（138.3±1.1）Ma，代表了岩浆的侵位年龄；杨兴科等（2008）利用锆石U—Pb定年法测得假白榴石斑岩、粗面斑岩的年龄分别为（132.3±2.1）Ma及（125.0±6.7）Ma；陈刚等（2012）利用锆石U—Pb定年法测得二长岩的年龄为(138.7±2.5)Ma；王亚莹等（2014）利用锆石U—Pb定年法测得二长岩的年龄为(134.7±1.5)Ma。虽然不同学者利用不同的测试方法对不同岩石的不同矿物进行定年，但测试结果结果基本一致，都将该岩体形成的时间很好地限定在早白垩世，为燕山期岩体。

四 有关喜马拉雅期断裂的讨论

由于盆地内部大部分地区缺乏新生代地层，因此，判断该期断裂存在有否缺乏最直接和有效的证据。从区域构造研究认为，新生代以来最为重要的构造事件是鄂尔多斯盆地发生裂解，周缘形成一系列断陷盆地群。据此推测，盆地新生代以来旋转和裂解运动产生的应力作用，被盆地周缘的断陷活动所吸收，对盆地内部的影响作用有限。但在现今盆地的西南和东北位置，在地块发生旋转运动过程中可能会处于挤压应力状态，推测在这两个区域内局部会产生喜马拉雅期的断裂系统。

第三节　形成演化与动力学背景

纵观鄂尔多斯盆地中生代以来的沉积构造演化史，发育晚三叠世、早侏罗世及早白垩世等多个世代的盆地，晚白垩世以来盆地进入后期改造阶段，但改造作用主要体现在盆地周缘区域，盆地主体部位仅表现为抬升剥蚀作用。在每个世代，盆地发育过程中构造环境相对稳定，以沉积建造作用为主，但在不同世代盆地“改朝换代”过程中，会形成多个不整合构造运动面。这些不整合面是构造幕式活动的响应，同时在其发育时限上也与岩浆活动、断裂构造变形系统的时间基本一致。

在这种宏观构造演化背景控制下，鄂尔多斯盆地内部的断裂系统是呈幕式发育、逐层向上形成的。同一构造层内断裂的改造叠加作用并不明显，换言之，针对同一构造层内的断裂系统而言，受晚期构造运动的影响作用很弱，后期活动性不强。值得说明的是，在盆地局部地区断裂的发育具有继承性，主要表现为在位置上的继承，对原始下伏断裂的构造特征改造叠加作用不强。因此，盆地内部的断裂系统是分期形成的，针对每一期次的断裂系统而言，后期改造叠加作用不明显，没有明显的演化发展过程。

下面对盆地内部三期断裂的成因机制、它们之间的演化序列以及断裂形成演化的区域动力学背景进行论述。

一　断裂形成演化过程

加里东期，盆地主要受到来自西南方向的斜向挤压作用。由于此阶段盆地只受到来自西部单方向的挤压应力，所以，造成整体具有西高东底的古构造格局，在盆地西部中央古隆起急剧抬升遭受剥蚀风化。由于此阶段在盆地内部主要为纯剪切应力场，所以形成两组方向的断裂体系，分别为近南北向的复杂断裂体系，以逆断层性质为主；NW、NE 两组方向的共轭“X”剪切走滑断裂体系，主要发育在盆地中东部地区［图 6-12（a）］。

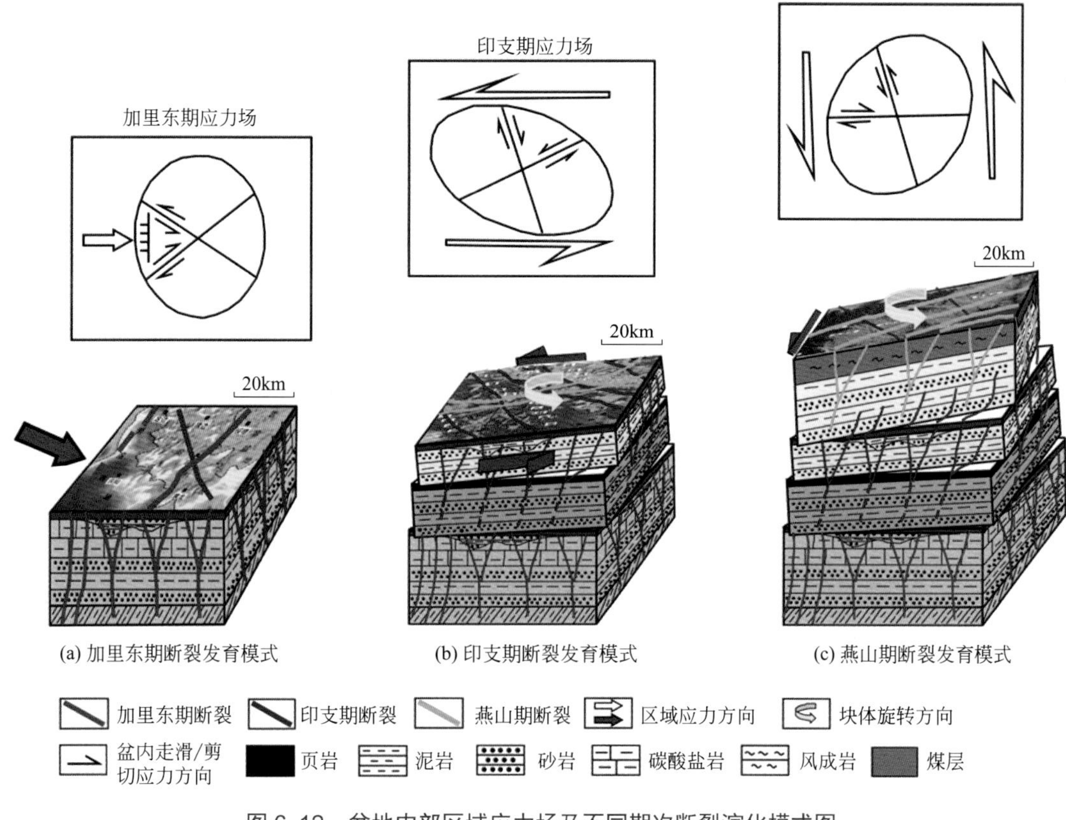

图 6-12　盆地内部区域应力场及不同期次断裂演化模式图

海西期，盆地经历了短暂的构造抬升，但整体来讲区域构造环境稳定，在盆地内部没有发现与之对应的断裂体系。

印支期，盆地东西两侧都为自由边界，南北两侧为限制性的盆山边界，南缘秦岭洋、北缘兴蒙洋与鄂尔多斯地块的闭合碰撞对盆地内部构造环境产生了深远影响。同时期两者应力的联合在盆地内部形成左旋应力场，主要形成 NW、NE 向走滑断裂带［图 6-12（b）］。

燕山期，盆地周缘都为盆—山结构，为限制性边界，但此阶段东西两侧的挤压作用更强，两者应力的联合作用形成左旋应力场，在盆地内部主要形成 NE 向走滑断裂带［图 6-12（c）］。

喜马拉雅期，盆地发生旋转解体，在盆地西北、东南为伸展性质构造环境，此区域内的盆地内部不发育与之对应的断裂体系，盆地西南、东北为挤压性质的构造环境，与之相邻的盆地内部可能发育与之对应的断裂体系。

区域动力学背景

（一）加里东期动力学背景

加里东期一般指发生在奥陶纪末期的构造运动。加里东早期，盆地西部处于华北地台向贺兰拗拉槽的过渡部位，在伸展构造背景下，形成平行于斜坡地层的顺坡或反坡断层（图 6-13）。加里东运动晚期，华北地块受到古特提斯构造域自西向东的挤压作用，这次构造运动不仅造成了奥陶系顶部的剥蚀及志留—泥盆系在盆内的缺失，也形成了西高东低的古构造格局。同时，区域挤压作用是早期的正断层发生构造反转，沿古隆起走向发育一系列的近 N—S 向断裂，并且在盆地中东部形成“X”共轭剪切的两组走滑断裂带，主要呈 NW、NE 向规律展布。

（二）印支期动力学背景

印支期主要指发生在中—晚三叠世的构造运动。在盆地本部该期构造运动主要有两个时段的响应。晚三叠世早期，即延长期长 7 段沉积前后，中生界内陆湖盆急剧下陷，沉积一套具有极好品质的陆相生油岩层。据目前研究表明，长 7 段沉积前后湖盆急剧下陷是对秦岭洋闭合发生陆—陆碰撞的响应。刘池洋（2014）认为，秦岭洋闭合发生陆—陆碰撞的过程中，在造山带南北两侧分别形成不同性质的盆地，在其南侧形成前陆盆地——四川盆地，在其北侧形成后陆盆地——鄂尔多斯盆地。此演化阶段延长组内陆湖盆具有伸展性质，盆地周缘构造活动剧烈，在生油岩层中夹有厚度在 30cm ～ 3m 的凝灰岩夹层。同时，近年在延长组湖盆的深湖区发现震积岩、浊积岩及软沉积变形构造（邱欣卫等，2014），这证实当时湖盆本部的构造环境较为活跃，为后期断裂的形成发展孕育了较好的地质条件。

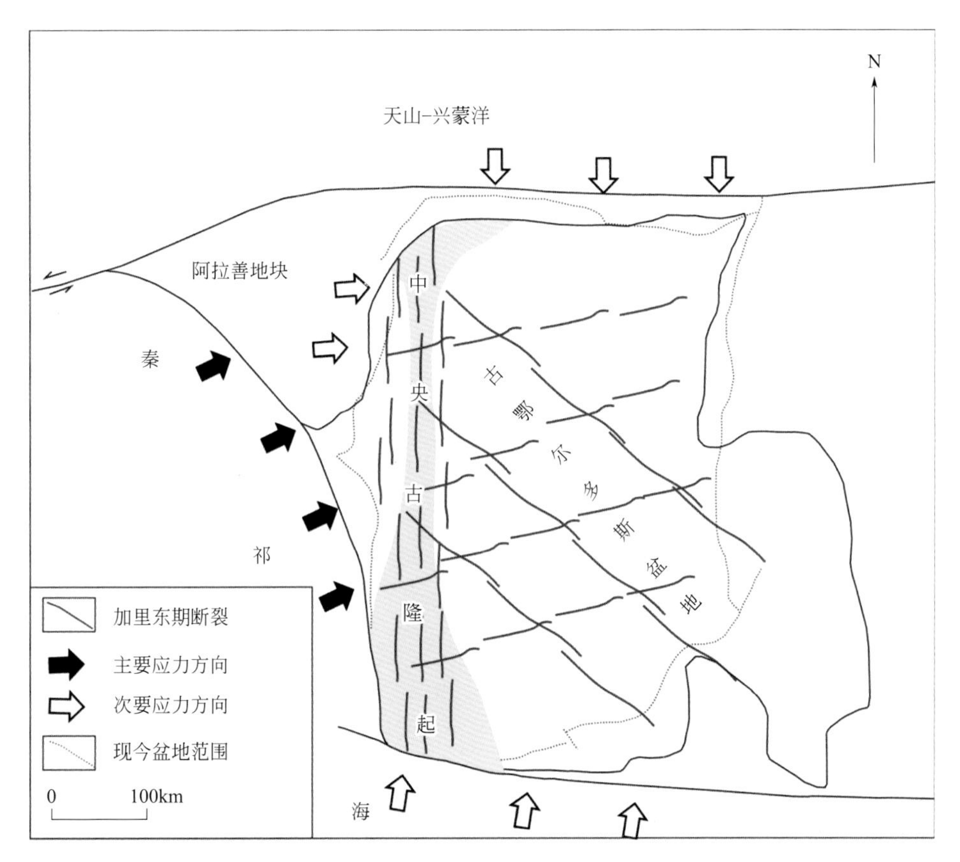

图 6–13 鄂尔多斯盆地加里东期区域动力学背景及断裂发育模式图（据徐兴雨，2020，有修改）

晚三叠世末期，受印支运动影响，延长组湖盆萎缩消亡，盆地整体抬升，在三叠系顶部形成千沟万壑的古地貌景观。以往认为前侏罗纪古地貌是在剥蚀风化和差异侵蚀的作用下形成的，本研究认为此阶段内，盆地南缘受秦岭洋自东向西剪刀式闭合的区域构造背景影响，盆地本部发生左旋走滑构造运动，形成 NW 和 NE 向两组方向走滑断裂带及其与之相关的古地貌沟谷体系（图 6–14）。近年的勘探实践表明，前侏罗纪古地貌的沟谷展布方向与走滑断裂带走向一致，而且在沟谷内部岩层内发现一些尚未成岩的充填物（何发岐等，2022），这些异常沉积现象与走滑断裂带的形成时间大致是对应的。在盆地的南缘和北缘，受挤压作用影响形成近东西向的逆冲断裂体系，并在盆地内部的邻近区域也有一定的构造响应。

这里需要说明的是，盆地内部受 38°N 构造转换带的影响，断裂分布特征具有明显的分区性。大致以甘陕古河为界，北部地区的 NW 向断裂较 NE 向断裂带的活动强度要大，而南部地区的 NW 向断裂较 NE 向断裂的活动强度要弱。

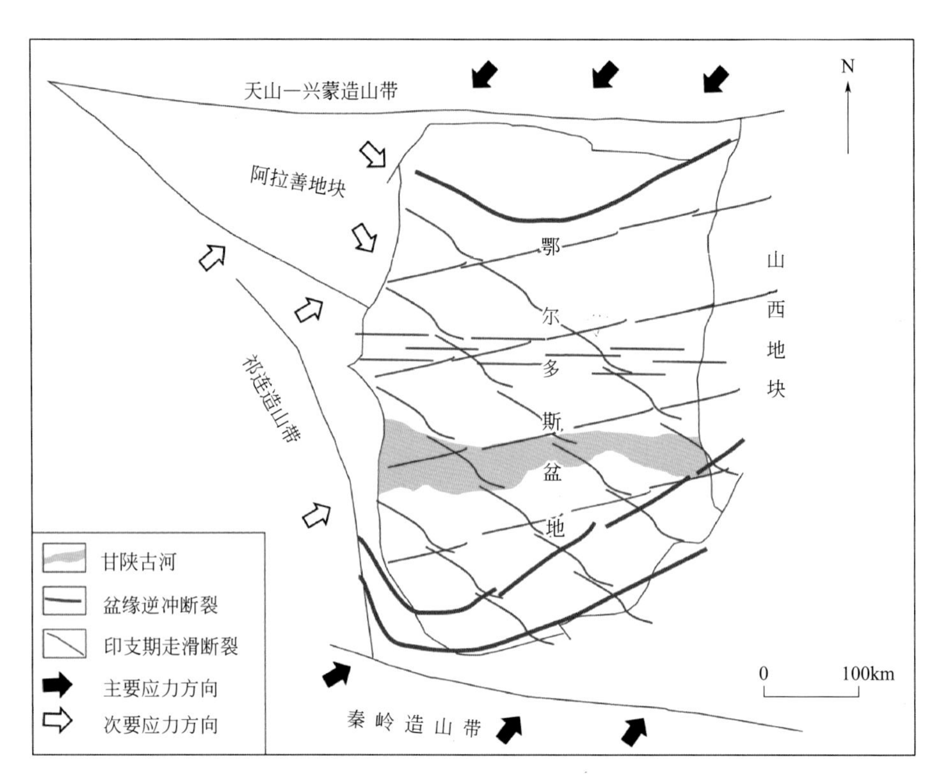

图 6-14　鄂尔多斯盆地印支期区域动力学背景及断裂发育模式图（据徐兴雨，2020，有修改）

（三）燕山期动力学背景

燕山运动在盆地本部表现为侏罗系内部及侏罗系与白垩系的多个平行不整合，在盆地周缘可见白垩系与下伏不同时代地层的角度不整合。燕山运动对整个华北地区具有非常重要的影响，中国东部岩石圈经历了巨量的减薄，大陆岩石圈从古生代的 120 ～ 180km 减薄到现今的 70 ～ 80km（张岳桥等，2006），同时伴生强烈的岩浆活动及古地貌格局的变迁。

刘池阳（2006）、赵红格（2006）、陈刚（2008）等研究表明，中—晚侏罗世，即燕山运动主幕，在盆地西部形成宏伟的、呈南北向的复杂冲断带（图 6-15），南北长约 600km，东西宽约 30 ～ 80km，在盆地东缘形成大型南北向展布的离石断裂带及一系列呈 NE—SW 或 NNE—SSW 向展布的褶皱—冲断构造系统。同时，在盆地南缘渭北隆起之上发育一系列 E—W 至 NE—SW 向的线性褶皱，盆地北缘发育多条近东西向展布的逆冲断裂带。这些地质特征表明，在燕山运动阶段，盆地周缘都发生了不同程度的挤压逆冲作用。

印支运动到燕山运动，盆地的构造体制由“南北对峙”转变为“东西对峙”，东部受到滨太平洋构造域的影响，盆地东缘受到自东南位置的西北方向的挤压应力，盆地西缘受到特提斯构造域的影响，即来自西南位置的东北方向挤压应力。在两者联合的构造作用下，盆地本部受到左旋应力作用的广泛影响，主要形成北东方向的走滑断裂带。值得注意的是，此阶段 38°N 构造转换带仍处于强烈活动的状态，对盆内断裂的分区具有一定的控制作用。

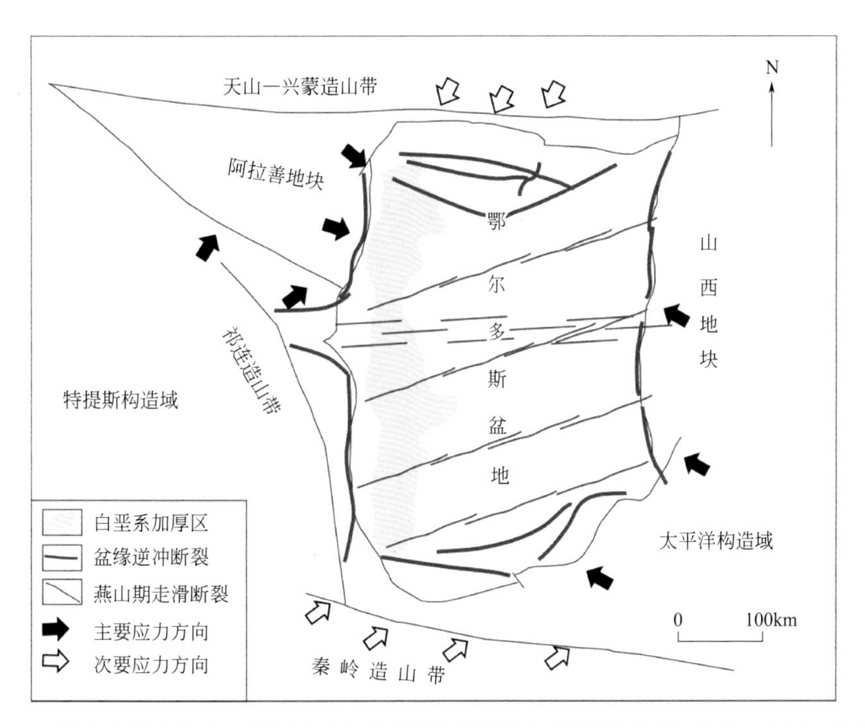

图 6-15　鄂尔多斯盆地燕山期区域动力学背景及断裂发育模式图（据徐兴雨，2020，有修改）

第七章 走滑断裂相关的油气成藏新模式

本章系统总结了盆地内部走滑断裂在油气成藏过程中的具体作用和表现形式；针对盆地内部的四大含油气系统，分别构建了断裂相关的油气成藏新模式；结合近几年的勘探生产实际，在成藏新模式的指导下，论证并部署了一批风险目标和预探井位，在实际生产中取得了良好的应用效果。

第一节　盆内走滑断裂对油气成藏的作用表现

传统观点认为，鄂尔多斯盆地内部断裂不发育，油气生成后，主要从源岩位置向上、向下同时排替，进而沿连通砂体及不整合面进行运聚（韦丹宁等，2016）。实际上，这种油气运聚模式下较难圆满地回答以下两方面疑问：（1）砂体的连通是相对的，很难有效匹配盆内油气存在长距离运移的地质事实；（2）油气一般都是向上排替及运聚，是否会向下排替目前尚存在争议。盆地内部大量断裂的发现为深刻理解及有效解决油气成藏的关键问题提供了新思路（许建红等，2007；窦伟坦等，2008）。勘探实践揭示，盆内走滑断裂特殊的发育模式在油气成藏影响方面至少存在以下四个方面的重要表现。

一　不同构造层间断裂的垂向阻隔作用

如上所述，盆地内部断裂在纵向上具有明显的分层特性，大致可将整个沉积盖层划分为（中）上三叠统及以上、石炭系—中下三叠统、奥陶系及以下三段，在中间层段的石炭系—中下三叠统内断裂不发育，其他上、下的几个构造层内断裂均发育。无独有偶，含油气层系的分层特征也与断裂的分层特征类似，大致以中上二叠统—中下三叠统为界，向上、向下的两个构造层内分别形成两套独立的含油气系统，即古生界含气系统和中生界含油系统（图 7-1）。目前在中生界含油层系中尚未发现下伏古生界天然气的大规模混入，表明不同构造层间断裂的垂向分层特征对油气成藏起到了一定的阻隔作用，这是形成上、下两个独立的含油气系统的重要原因。

在盆地西部，古峰庄地区的沉积盖层中断裂十分发育，古生界探明青石卯大气田，中生界发现姬塬油田，两者在位置上几乎重合，但气、油分层系成藏，这与走滑断裂在不同构造层之间分层发育，纵向上不能贯通具有很大的关系。走滑断裂在不同构造层之间的分层特征，使晚期形成的走滑断裂系统并不会改造下伏已经形成的古生界天然气藏，为古生界天然气的保存提供了非常有利的地质条件，奠定了盆地内部整体“上油下气”的含油气格局。

二 同一构造层内断裂的纵向疏导作用

与不同构造层间断裂对油气的分层阻隔作用不同，由于同一构造层内走滑断裂在短距离内纵向贯通，因此，它对油气运聚具有一定的输导作用。目前勘探实践表明，三叠系延长组、侏罗系延安组、奥陶系马家沟组都分别具有多组段含油气的特点（左洺滔等，2021）。走滑断裂一方面贯穿源岩和储层，使“源—储”相互配置，在与走滑断裂相关的有效圈闭内聚集成藏；另一方面走滑断裂可改善致密砂岩或碳酸盐岩储层的物性（主要为渗透率），形成受“甜点”控制的，具有大面积连片分布的岩性油气藏。

以甘陕古河西段的前侏罗纪古地貌油藏为例进行说明，本区发育的燕山期 NE 向走滑断裂带与中生界石油成藏关系密切。由图 7-2 可以看出，一方面断裂控制了古地貌的形态，表现为平面上走滑断裂带与古河道的展布方向近乎一致，剖面上走滑断裂恰好发育在古河道的侧翼部位，控制了古河道边界的同时，也位于河道内充填的河道砂体的尖灭位置。另一方面走滑断裂纵向上沟通“源—储”，使石油在古河道的残丘部位、高地区的低幅度构造圈闭中聚集成藏。值得一提的是，近年来在延安组煤系地层之上也发现了受断裂控制的油藏。这表明在同一构造层内，走滑断裂向上延伸，穿过煤系地层形成的区域盖层，在延安组上部（可达延 4+5 段）及直罗组的有利圈闭中聚集成藏。

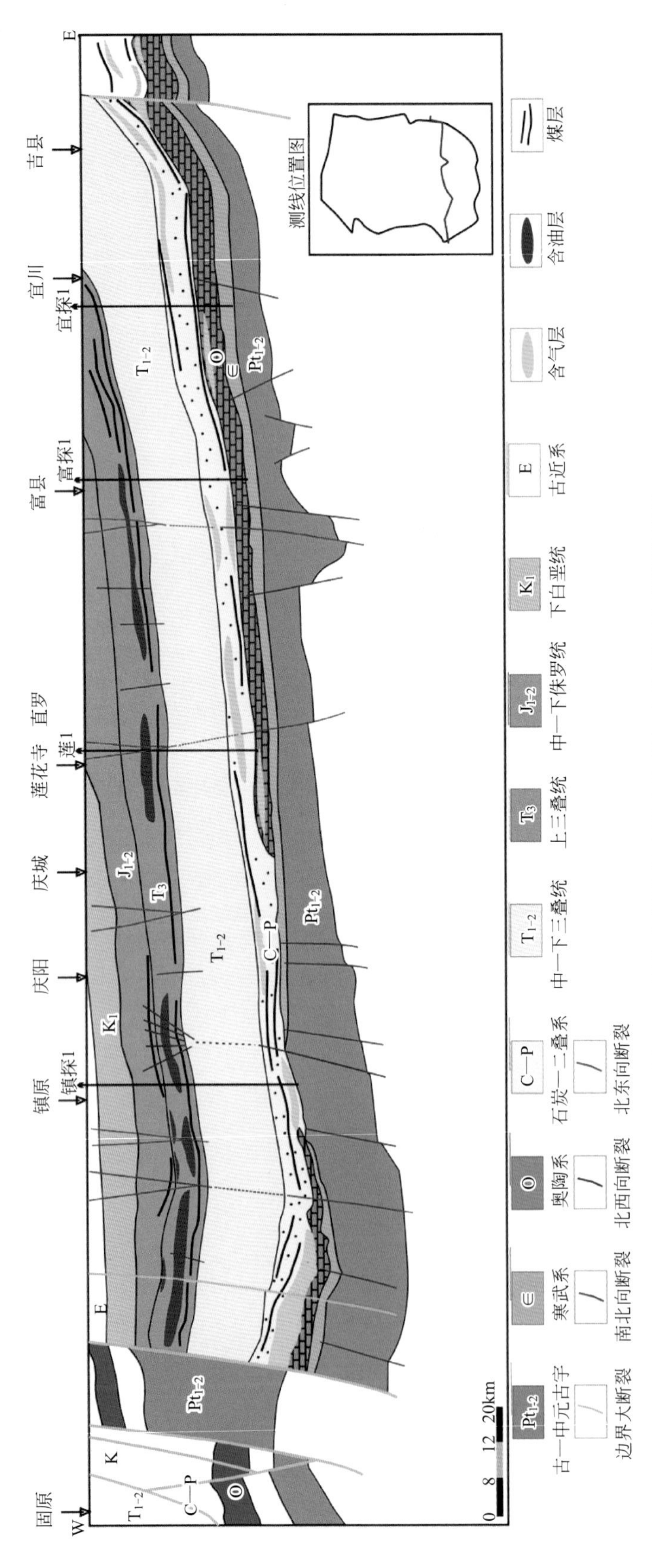

图7-1 鄂尔多斯盆地南部古生界与中生界油气成藏模式图

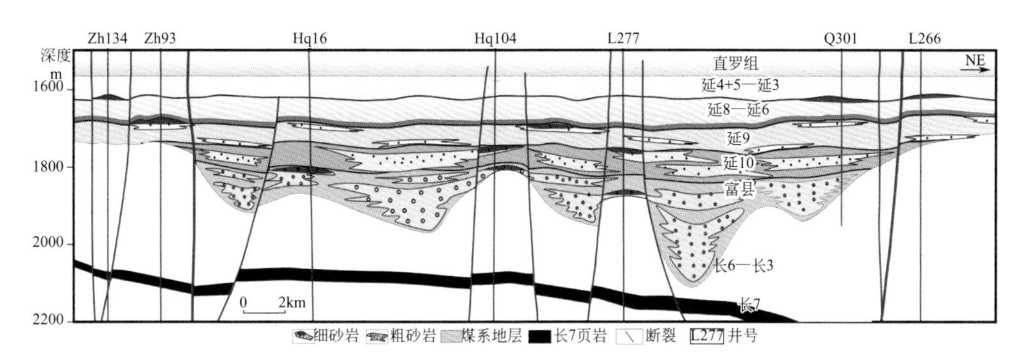

图 7-2　盆地南部前侏罗纪甘陕古河南段的延长组长 3 以上地层成藏模式图

三　控储控产作用

在盆地西部长 8 致密储层的背景下，中生界两组方向的走滑断裂对储层物性的改造作用不容忽视。以西部的古峰庄地区为例，应用 135 口已钻井资料分析长 8 砂岩渗透率大小与钻井距离断裂带远近的关系。统计结果表明，当已钻井距离断裂带 500m 的范围内，砂岩渗透率在 3 ～ 5mD 之间，当已钻井距离断裂带大于 500m 时，砂岩渗透率急剧减小到 2mD 以下。这表明距离断裂带越近，砂岩的渗透率越高，断裂对砂岩储层物性具有明显的改善作用［图 7-3（b）］。

由于断裂对致密砂岩储层物性的改善作用，所以，距离断裂带越近，一般越容易高产。将中生界断裂体系与已钻井纵向叠合后发现，长 8 段 4 口百吨井几乎都位于断裂带之上，产量 20t/d 以上的高产井大多位于距离断裂 1000m 的范围内，产量 20t/d 以下的油流井一般位于距离断裂 1500m 的范围之外［图 7-3（a）］。统计分析结果表明，已钻井距离断裂 1500m 的范围内，产量 20t/d 以上的高产井占比明显增多，当已钻井距离断裂大于 1500m 时，高产井的比例及出油井的比例明显减小［图 7-3（c）］。

因此，在鄂尔多斯中生界延长组致密储层的背景下，断裂对成藏因素的影响表现为明显的控储控产作用。断裂在形成的过程中，伴生的微小裂缝改善了周邻位置砂岩储层的物性，而物性的改善为石油的局部富集提供了良好的地质条件，进而造成中生界石油围绕断裂带高产富集。

四　控圈控富作用

勘探实践表明，天环坳陷西翼油气成藏与断块圈闭密切相关。燕山运动主幕，来自盆地西南部位的走滑旋转应力场，在盆地内部形成两组相互切割的走滑断裂带。不同方向的断裂带将中生代地层切割成大小不一的块体。伴随着走滑断裂的演化发展，块体发生旋转变形，内部发生构造分异，形成具有断裂锐夹角区域构造高部位的斜向对称结构，成为断裂相关的断块构造圈闭。由于块体内部同时伴生一些次级的断裂带，纵横向上沟通烃源岩，为油气局部高产富集提供了非常有利的地质条件。

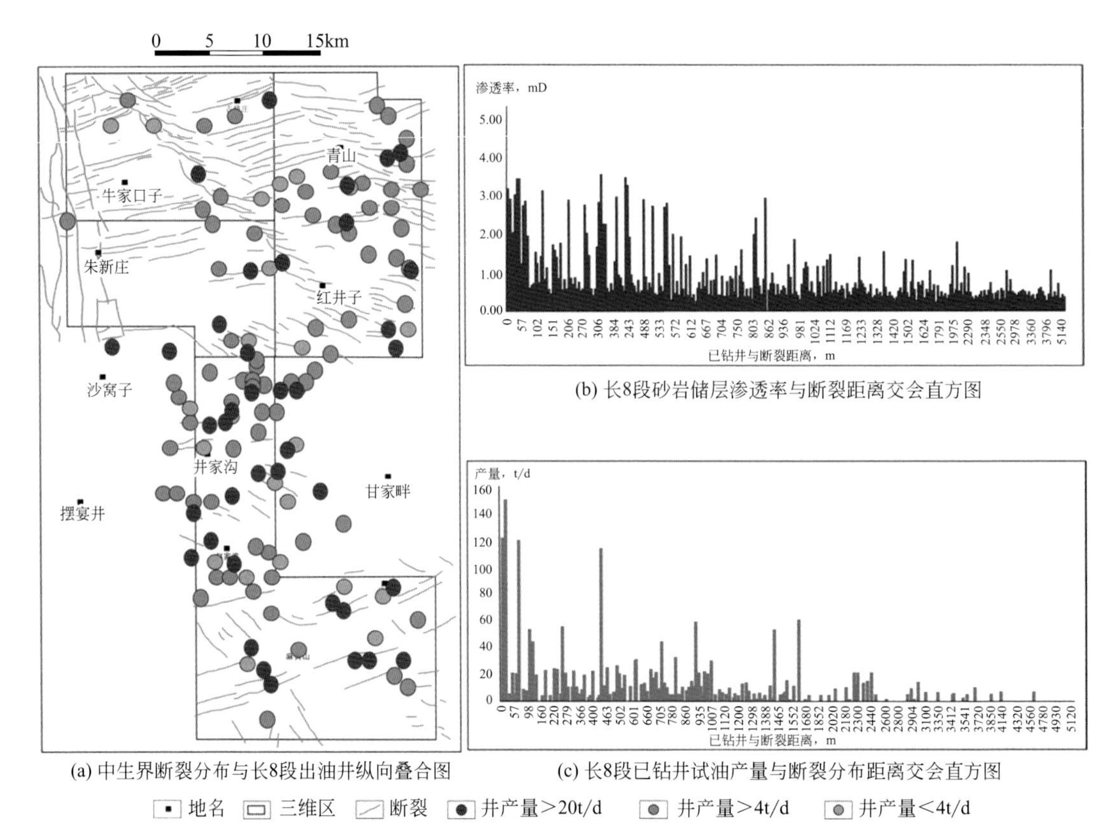

(a) 中生界断裂分布与长8段出油井纵向叠合图

(b) 长8段砂岩储层渗透率与断裂距离交会直方图

(c) 长8段已钻井试油产量与断裂分布距离交会直方图

图 7-3 鄂尔多斯盆地西部古峰庄地区断裂因素与延长组储层物性、石油产量关系交会图

以盆地西部 EHD 三维区为例，该三维区西北部为旋扭块体的锐夹角高部位，发育次级的北北东向、北东东向走滑断裂带（图 7-4）。两组次级走滑断裂带相互切割，在该区形成一个平面上呈纺锤状的断块圈闭。断块圈闭东、西两侧受断裂控制，其中，东侧断裂垂向断距大，为 20 ～ 90m，西侧断裂垂向断距小，为 20 ～ 40m。断块南、北边界终止于两组断裂交汇部位。在纺锤状断块内，已完钻探评井 10 口，完试的 5 口均获工业油流。其中，D1（长 8 段产量：55.6t/d）、D5（长 8 段产量：58.32t/d）、H256（长 8 段产量：35.82t/d）、D38（长 8 段产量：38.2t/d）在长 8 段的平均油层厚度大于 6m，日产均超 30t。D39 井在长 8 段获得 125t/d 的超高产油流，是盆地西部中生界产量最高的一口井。该断块圈闭具有整体含油的特点，长 8 段砂岩储层渗透率均大于 10mD，油水分异非常明显。其中，在过 D5 井的东西向剖面上，可以看出断裂不仅是断块的边界，同时也是含油层的边界。在该断块圈闭西部地区，H66 井在长 8 段上部也获得 33.49t/d 的高产油流，预示还存在一个走向相同的含油断块圈闭，这有待下一步刻画和证实。

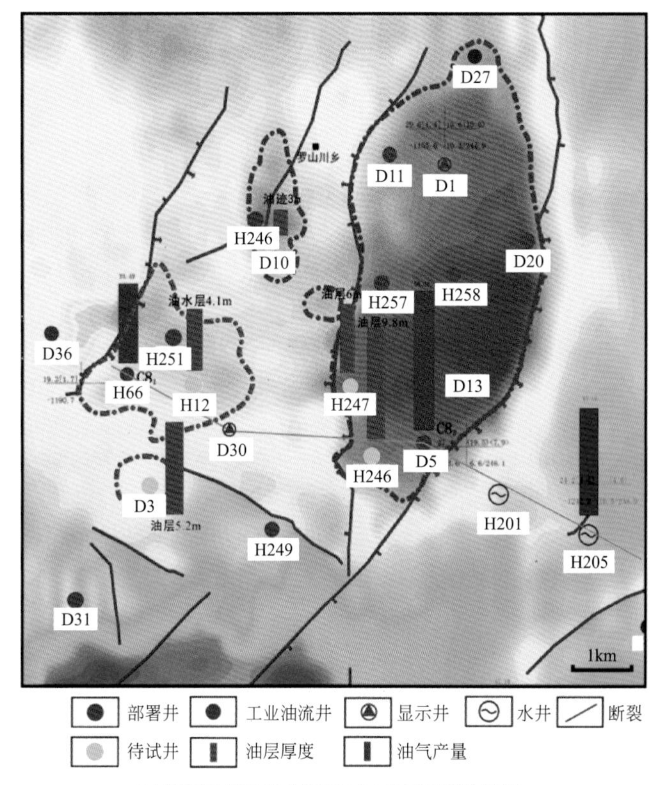

(a) 洪德三维区西北部H66井区长8顶界构造图

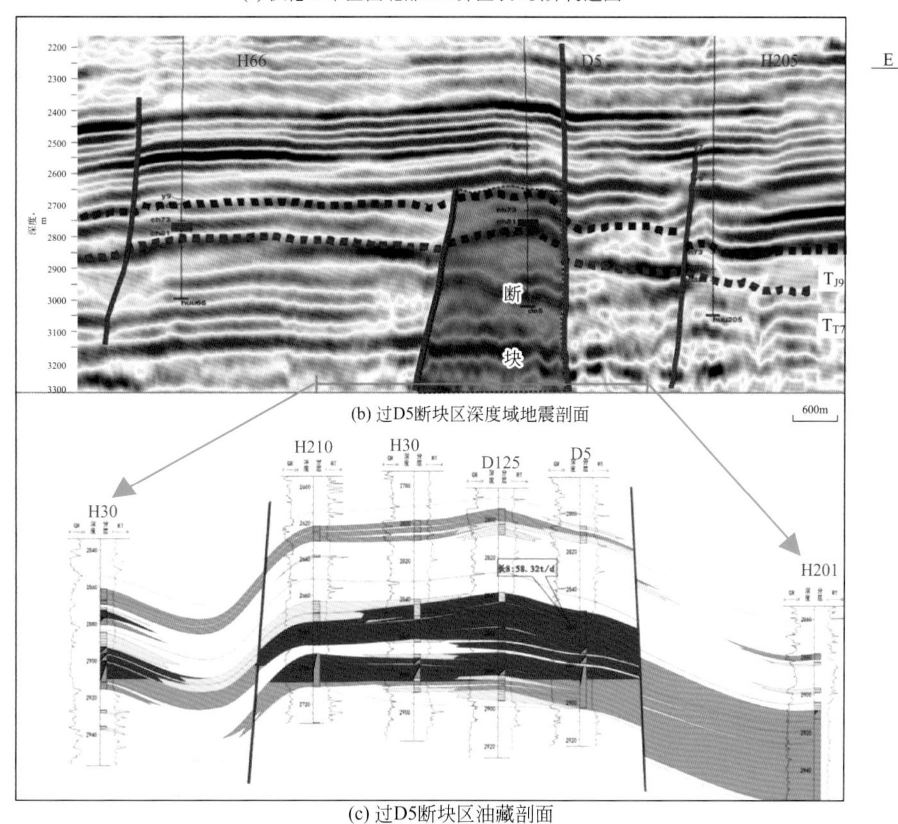

(b) 过D5断块区深度域地震剖面

(c) 过D5断块区油藏剖面

图 7-4　盆地西部 EHD 三维区长 8 段断块圈闭含油特征及过 D5 井油藏剖面图

第二节　盆内走滑断裂相关的成藏新模式

勘探实践表明，不同世代盆地发育的断裂对油气成藏的具体作用不尽相同。因此，围绕盆地自下而上的四大主力勘探层系，即中—新元古界、下古生界、上古生界及中生界为研究对象，在现有勘探开发认识的基础上，结合盆内走滑断裂研究的新认识，总结断裂相关的油气成藏新模式，以期指导实际勘探开发工作。

中—新元古界成藏模式

中—新元古界是盆地勘探程度最低的一个层系，已钻遇长城系的井近 17 口，主要分布在盆地中西部。

（一）成藏条件

烃源岩条件：JT1 井在长城系崔庄组钻遇黑色含粉砂质泥岩，厚度 22m，TOC 含量为 0.22% ～ 0.95%，平均 0.62%。同时，盆地周缘的长城系露头广泛发育黑色板岩、碳质板岩等，展示出良好的生烃潜力。地震地质综合研究表明，长城系暗色泥岩主要围绕贺兰、定边、晋陕、豫陕四个裂陷槽分布，厚度普遍大于 100m，分布面积达 68000km^2。

储层条件：长城系砂岩储层物性差异较大，沿杭锦旗—榆林—靖边—志丹—延安—宜川一带砂岩物性最好，面积超 5×10^{4}m^2，孔隙度 5%，渗透率 0.15mD，向西随着埋深增大，物性逐渐变差。

运移条件：本书之前章节没有涉及中—新元古界的断裂体系，这里略加说明。该套断裂体系以 NE 向为主，是发育在拗拉槽和地台之间的同沉积断层。该层系内的断裂是沟通源储的重要运移通道。

（二）有利区带评价

依据烃源岩分布范围、优质储层分布及目的层埋深（小于 6000m）三个条件，认为围绕乌审旗古隆起，沿几个裂陷槽的上倾方向可形成构造、构造—岩性气藏，是最为现实的有利区。其次，在乌审旗古隆起西侧的鄂托克旗地区，发育多个层系的地层尖灭线，容易形成岩性、地层气藏，可作为勘探的积极准备区带。环县—延安地区源岩条件较好，但埋藏较深，断裂发育，可形成岩性、岩性—构造类气藏，可作为远景接替区。

（三）成藏新模式

在以上有利区带评价基础上，构建了长城系“断通源＋断控圈”的三元成藏新模式。如图 7-5 所示，长城系成藏需具备烃源岩、断裂、圈闭三个方面的必要条件，地层尖灭线、岩性、构造、储层分布又是形成地层、岩性及构造圈闭的基础地质条件。中—新元古界断裂往往沿北东向裂陷槽展布，纵向上沟通源—储，是非常重要的运移通道。其次，位于向东上倾尖灭的古隆起或独立的有效圈闭之上，长期遭受风化淋滤，砂岩储层物性好。同时，侧向运移有利于油气封堵聚集。最后，纵向上具有较好的生储盖组合，一方面具有长城系泥质烃源岩及砂岩储层，另一方面上覆具有蓟县组的致密碳酸盐岩或泥岩作为区域性盖层。这一成藏新模式可作为有利区内井位优选的重要依据。

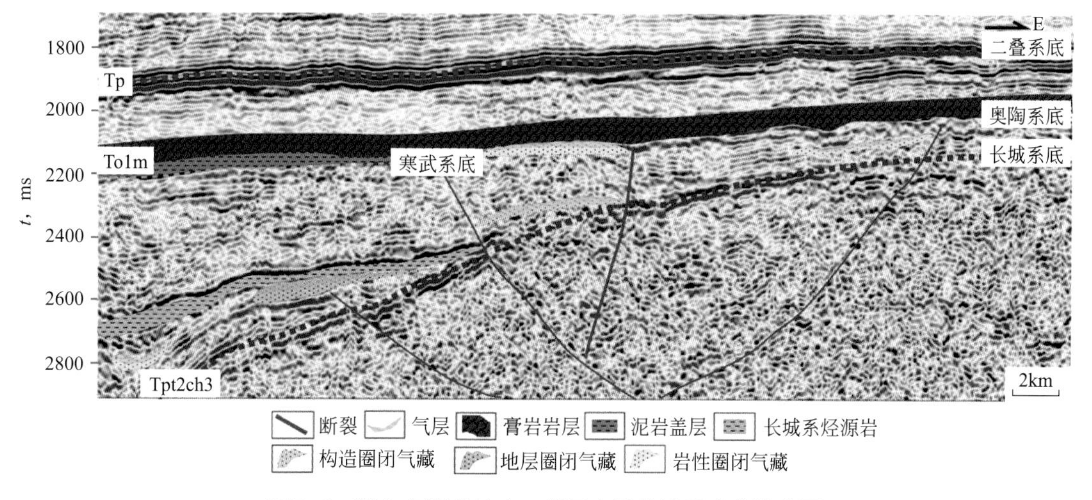

图 7-5　鄂尔多斯盆地中—新元古界长城系成藏模式图

二　下古生界成藏模式

鄂尔多斯盆地中东部奥陶系深层盐下领域勘探潜力巨大，是盆地碳酸盐岩勘探的现实接替领域，有望实现“靖边下找靖边”的战略目标。

（一）成藏条件

烃源岩条件：对于奥陶系盐下的烃源岩还存在争议，一种观点认为其源岩为上覆的上古生界煤系源岩，烃源岩生气后侧向运移或向下倒灌成藏；另一种观点认为马家沟碳酸盐岩内部的泥岩夹隔层具有生烃潜力，为自生自储型天然气藏。本研究认为奥陶系盐下的气源主要来自上古生界煤系地层，但主要运移方式为断裂沟通或侧向运移，不存在向下倒灌的现象。

储层条件：盐下奥陶系的白云岩为天然气主要储层，勘探揭示主要分布在两种相带内，一种是分布在靖边—乌审旗一带的台内滩，岩性以砂屑、鲕粒为主，后期经白云岩化形成晶间孔储层，在地震上为弱振幅、连续性较差的杂乱反射特征；另一种为台内丘，主要分布在神木—米脂地区。

运移条件：下古生界断裂体系的发现打破了原有的传统认识，MT1 井在盐下奥陶系白云岩储层中获得高产气流，该井就位于盆地东部近 N—S 向走滑断裂带附近，证实断裂对于盐下奥陶系成藏具有非常重要的意义。断裂的具体作用表现在两个方面：一方面沟通源储，是重要的运移通道；另一方面改善致密白云岩储层的物性，有利于天然气局部高产富集。

（二）成藏新模式

本书提出“相控储、断通源、高点富集”的三元成藏新模式（图 7-6）。该成藏模式的含义为：

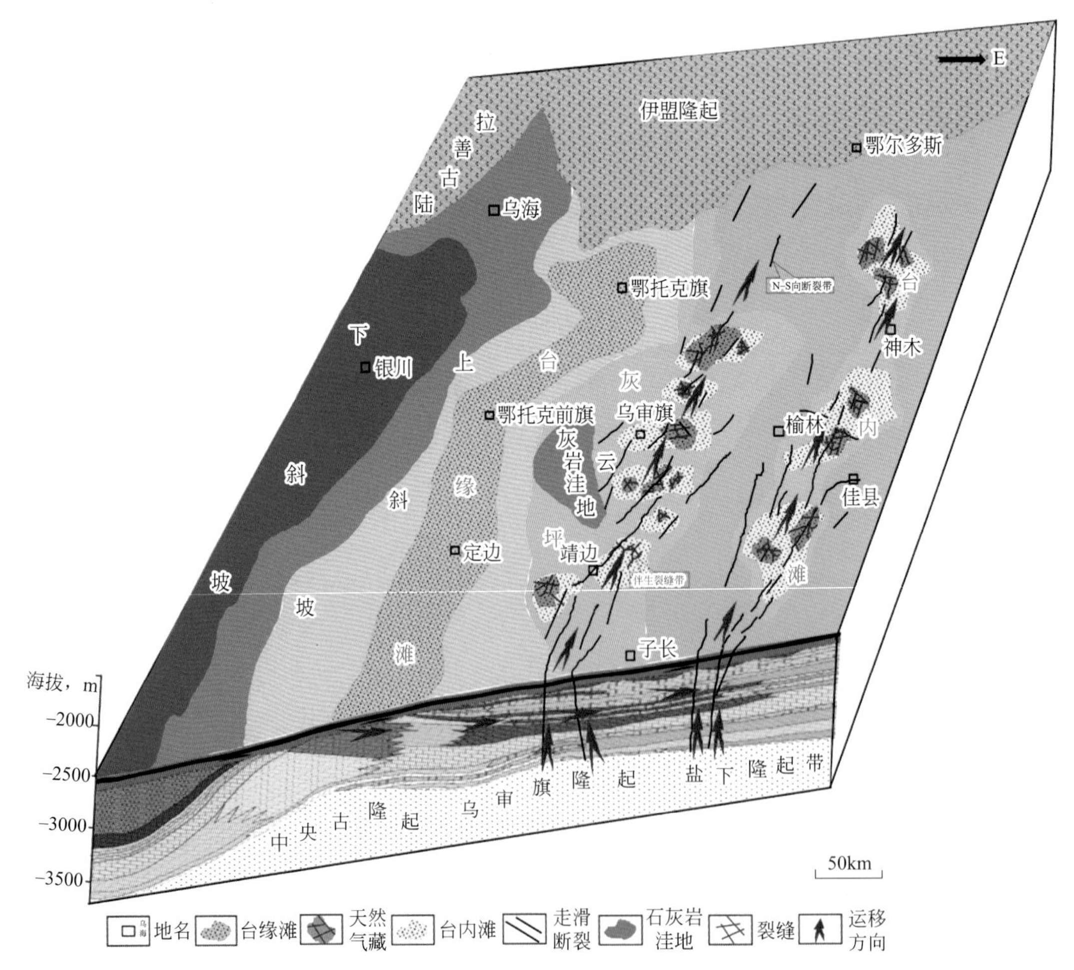

图 7-6　鄂尔多斯盆地中东部奥陶系盐下天然气成藏模式图（据长庆油田，有修改）

（1）优质储层受沉积相带控制，白云岩储层具有横向迁移、纵向叠加、成排成带分布的特点。

（2）天然气成藏高峰期发生在晚侏罗世—早白垩世，该时期古构造具有西低东高的特征，盆地东部的奥陶系优质白云岩储层的埋深有可能比西部的上古生界煤系源岩要浅，西部生成的大量天然气顺着断裂先自下而上运移，然后大规模侧向运移，在东部的优质储层中聚集成藏。

（3）受断裂带控制的构造高部位是天然气得以富集的重要因素。

（4）盆地中东部发育的奥陶系膏盐岩是天然气得以保存的区域盖层。

该模式对盆地盐下风险井位的部署具有非常重要的参考价值。

上古生界成藏模式

盆地上古生界是盆地天然气主要的产气层，占整个天然气资源量的 90% 以上，主要的产气层按照距煤系源岩的距离由近及远有本溪组、太原组、山西组、石盒子组和石千峰组，主要的储集类型以海陆过渡相的砂岩为主，同时也包括质铝土岩、石灰岩层及煤层地层本身，整体具有近源成藏的特点。

（一）成藏条件

烃源岩条件：石炭—二叠系含煤层系包括本溪组、太原组和山西组，煤层总厚度一般在 5 ～ 25m，在全盆地均有分布，是上古生界、下古生界最主要的烃源岩。

储层条件：上古生界主要为河流—三角洲相砂岩储层，砂岩储层物性较差，孔隙度一般在 5% 左右，渗透率小于 1mD，是典型的致密储层。其中，山西组、石盒子组砂岩物性相对较好，是主要的含气层。

运移条件：近几年研究发现，上古生界多层系立体成藏与古地貌、地层尖灭带及断裂的作用密切相关。在盆地东部地区，距离烃源岩纵向距离较远的石盒子组、石千峰组获得高产气流，证实断裂是纵向上疏通天然气的主要运移通道。同时断裂也可改善局部地区的致密砂岩储层物性，有利于形成地质“甜点”，使天然气高产富集。

（二）有利区带评价

在盆地中东部已发现苏里格、神木—米脂、陇东、宜黄四个含气区。围绕这四个含气区，横向上可向盆地西部、南部地区持续拓展，扩大石盒子组、山西组的含气规模，纵向上在全盆地围绕断裂带积极拓展石千峰组新层系，同时探索太原组、本溪组的气藏新类型。

（三）成藏新模式

针对上古生界构建了“断裂 + 甜点”成藏新模式（图 7-7），其主要含义包括：

（1）断裂沟通源—储，是主要的运移通道，同时改善致密砂岩储层的物性，有利于形成高产富集区。

（2）断裂纵向上通源，可在距离源岩较远的石千峰组、刘家沟组等聚集成藏，拓展了新层系。

（3）在古生界主河道位置，砂岩物性相对较好，沉积厚度大，后经差异压实作用，会沿主河道位置形成具有一定展布规律的低幅度构造。由于该地区储层物性好，构造条件有利，易形成局部的“甜点”。

（4）在距离煤系源岩较近的不整合面上，风化淋滤作用对各种类型的岩性进行改造，加上断裂的纵向沟通作用，会使一些本身不具备储集性能的岩性体转变为含气层系，如铝土岩储集体。

围绕断裂带对上古生界天然气进行勘探，有望降本增效，发现新的规模储量区。

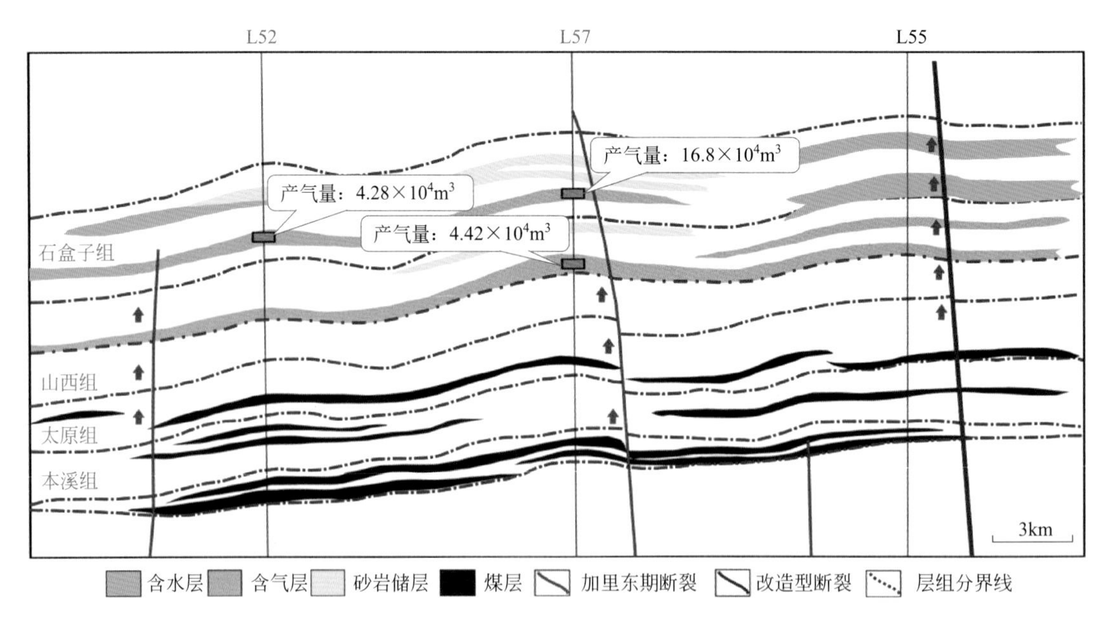

图 7-7　鄂尔多斯盆地上古生界成藏模式图

四　中生界成藏模式

鄂尔多斯盆地南部中生界以产油为主，勘探程度较高。其主力产油层为延长组的长 8 段、长 7 段、长 6 段及延安组的延 10 段、延 9 段及延 8 段。近年来，在长 7 段烃源岩分布范围之外的天环坳陷区，多口探井获得高产油流，标志着中生界石油在勘探区带的突破。同时，围绕长 7 段页岩油新类型，在陇东庆城地区探明了 10×10^8t 储量的页岩油大油田，表明中生界勘探在新层系获得突破。

（一）成藏条件

烃源岩条件：三叠系延长组长 7 段泥页岩是中生界最为重要的烃源岩，分布面积超 3×10^4km^2。盆地南部的志丹、安塞一带，三叠系延长组长 9 段泥页岩也是主要的烃源岩，分布范围相对较小。

储层条件：延长组河湖相砂岩、重力流砂体是主要的致密储层，储层物性差，具有典型的“三低”特性。延安组河湖相砂岩储层的物性好，但横向上厚度和物性变化较快。

运移条件：针对长 7 段烃源岩垂向距离较远的侏罗系，断裂是石油纵向上运移的重要通道。同时断裂也可改善致密砂岩的物性，有利于高产富集。

（二）有利勘探方向

中生界石油勘探应关注四个新领域：

（1）针对前侏罗纪古地貌及以上新层系的油气资源挖潜；

（2）长 7 段烃源岩之外的区带拓展；

（3）延长组下组合长 9 段、长 10 段新层系；

（4）由单层系勘探转变为多层系立体勘探。

（三）成藏新模式

基于对中生界断裂的研究，建立了中生界石油“立体成藏”新模式，主要包括四个方面的含义：

（1）中生界 NW、NE 向走滑断裂沿主体河道侧翼发育，向下沟通长 7 段烃源岩，是石油向上运移的重要通道。围绕不同方向断裂带位置，在古地貌发育有利位置石油容易高产富集（图 7-8）；

（2）延长组发育的重力流致密砂岩储层被后期断裂切割，储层物性改善作用明显，是近源成藏的“甜点区”；

（3）两组方向走滑断裂向上切穿侏罗系，在延安组上部（延 6 段及以上层系）及直罗组形成断裂相关的含油构造圈闭，纵向上拓展了新层系；

（4）湖盆坡折带与不同方向的断裂带相匹配，有利于先沿断裂发生垂向运移，然后侧向运移，在延长组下组合的长 9、长 10 段砂岩储层内聚集成藏。这为下一步拓展中生界含油新层系提供了新思路。

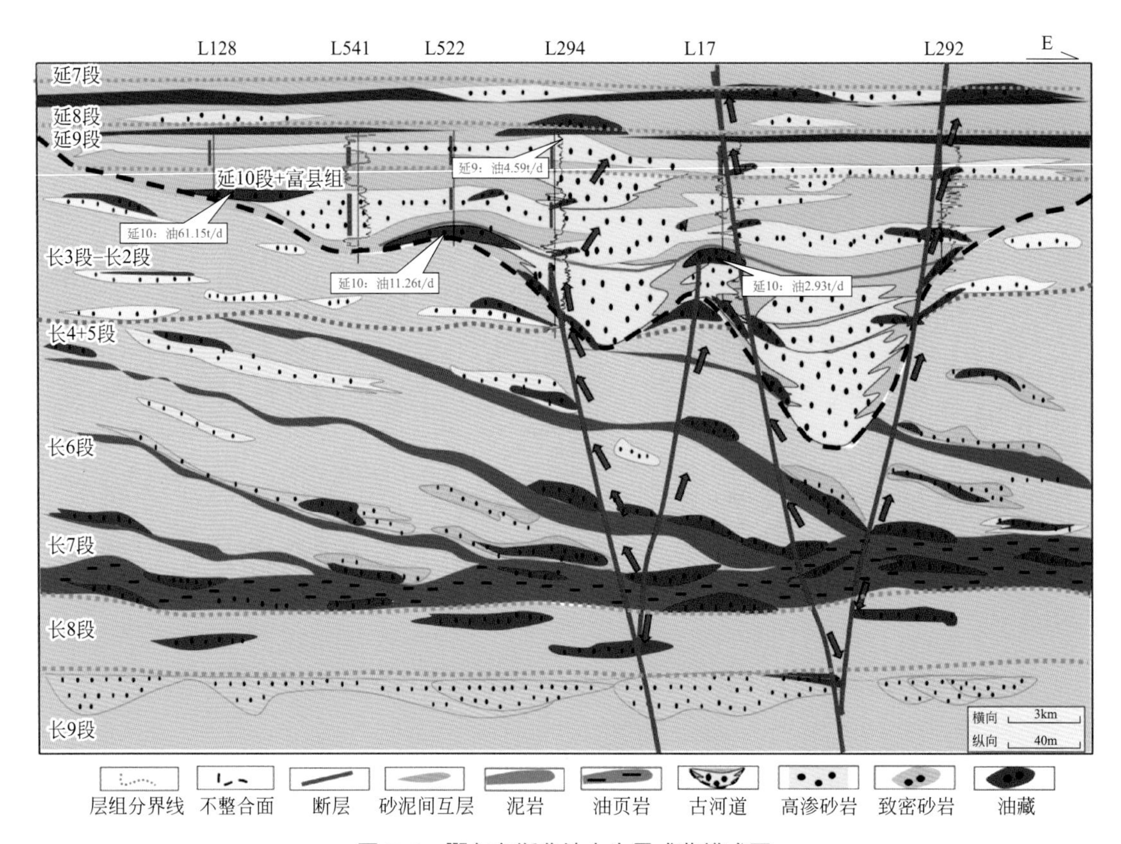

图 7-8　鄂尔多斯盆地中生界成藏模式图

（四）中生界盆内走滑断裂新认识对高效钻探的启示

如第五章所述，中生代以来，盆地西部的中生界块体在旋扭变形的过程中，由于自下而上旋转角度存在差异，这就会造成产生的构造圈闭在纵向上发生偏移。如图 7-9 所示，EYW 三维区内延 9 段构造圈闭相对长 7 段构造圈闭纵向上产生了约 300m 的偏移距离。由于纵向上构造圈闭的偏移在盆地西部具有普遍性，所以，如果采用斜井的钻探模式，同时钻穿延安组、延长组构造圈闭，这就能很大程度地提高勘探成功率。

2019 年至 2020 年，在 EGFZ 三维区推行斜井钻探模式，共设计斜井 28 口，有 11 口在延安组、延长组均获得工业油流，勘探成功率较以往提升了 6 个百分点。在盆地西部推行斜井钻探模式，一方面可以证实地质认识的合理性，取得重大的地质理论创新；另一方面对于改变盆地西部平凉—演武地区勘探低迷的现状具有一定的积极作用。

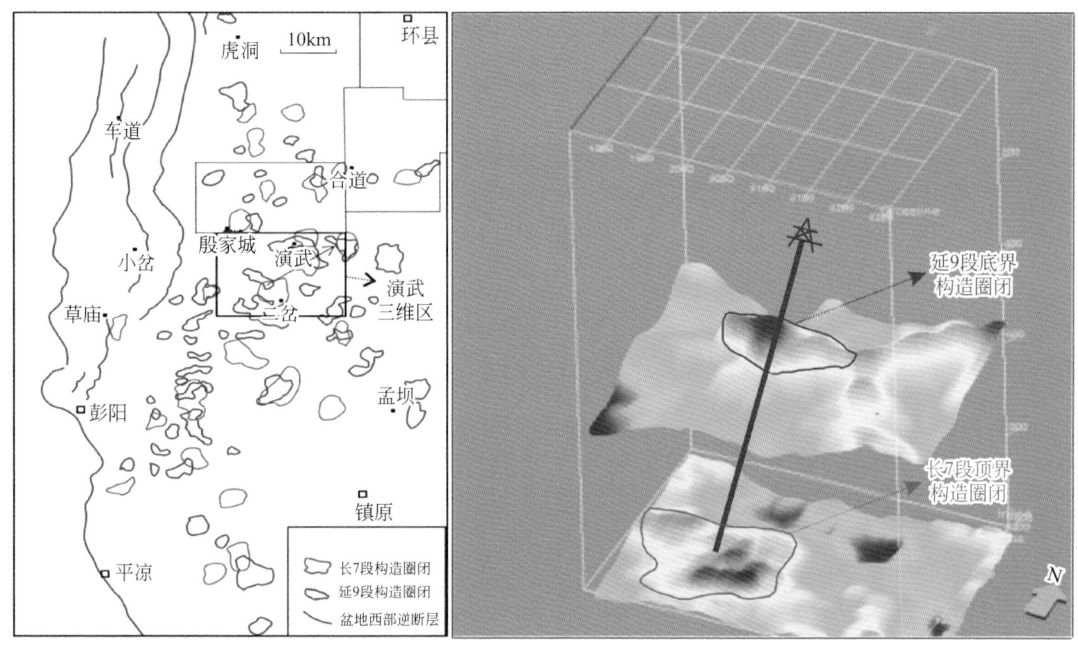

(a) 盆地西部南段延长组、延安组构造圈闭叠合图　　(b) 盆地西部EYW三维区两个层段构造圈闭纵向叠合立体显示图

图 7-9　盆地西部三叠系延长组与侏罗系延安组构造圈闭纵向叠合图

第三节　断裂相关成藏新模式的实践应用

近几年，长庆油田开始重视盆内断裂在油气成藏中的作用，结合前期的勘探成果及地质认识，在上述模式的指导下，论证了一批风险目标和预探井位，取得了较好的油气勘探效果，下面分领域进行论述。

中—新元古界风险目标论证

JT1 井为中—新元古界风险井位，位于裂陷槽上倾方向的有效圈闭内，埋藏深度较浅。该井在长城系首次点火成功，证实盆地中东部的裂陷槽上倾区域确实为中—新元古界勘探的有利区带。2022 年上半年，在盆地中东部评价的有利区带内，在 JT1 井总结经验教训的基础上，进一步深化成藏认识，构建了长城系“断通源 + 断控圈”的三元控藏模式。利用该模式仍在盆地中东部的裂陷槽上倾有利区带内部署了 TT1 风险井位目标。该目标与 JT1 井最大的不同是充分考虑了断裂在长城系成藏中的作用。（1）断裂向下沟通长城系源岩，是非常重要的通源断层；（2）断裂带本身具有一定的输导作用，沿断裂带走向地层相对破碎，往往是油气运移非常重要的组成部分；（3）断裂往往发育在裂陷槽与

地台之间的过渡区域，对于地层、岩性及构造圈闭的所在位置具有非常重要的指示作用。

二 下古生界碳酸盐岩勘探

下古生界碳酸盐岩勘探经历了由盆地西部向中东部转变的曲折过程。2021 年，在盆地东部米脂地区的 MT1 井在奥陶系马家沟组马 4 段获得高产气流，证实盐下具有巨大的勘探潜力。随后长庆油田公司决定在该区部署 EGJP 三维地震，主要目的是揭示盆地东部盐下成藏的主控因素，为盐下领域勘探提供更多的地质依据。目前该三维地震解释表明 MT1 风险井位于一条 NNE 向展布的走滑断裂带上，该条断裂带由 4 ～ 5 条间互排列的线性断裂组成，结合二维地震解释表明南北延展长度超 100km，而且可能与盐构造变形相关。

通过对 MT1 井成功经验的总结，结合盐下以往勘探失败的教训，构建了“相控储、断通源、高点富集”的三元控藏模式。该模式突出了断裂在沟通烃源岩，改善碳酸盐岩致密储层物性方面的作用，为盐下勘探提供了一条新思路。2022 年，在该模式的指导下，长庆油田公司结合 EGJP 三维地震解释成果，围绕 NNE 向走滑断裂带部署了 MT6、MT7、MT8 等探井，希望能进一步扩大盐下天然气的勘探场面。目前，MT6、MT7 已经完钻，测井解释揭示 MT6 含气显示性好，有望取得工业气流，MT7 含气显示一般。通过现阶段的实践经验来看，盆地东部的 NNE 向走滑断裂在成藏中扮演非常重要的角色，但可能并非主控因素，这和塔里木盆地碳酸盐岩的控产因素还是存在很大的差别的。

下一步，仍需在深化区域地质认识的基础上，结合断裂在盐下天然气成藏中的重要作用，持续改进完善“三元”成藏模式，为盐下勘探提供更为有效的地质依据。

三 上古生界致密气勘探

勘探实践表明，上古生界天然气的储层类型较多，主要有致密砂岩、铝土岩、石灰岩及煤岩，这些都可以作为天然气的有效储集体。从近几年的勘探效果来看，本研究构建的“断裂 + 甜点”二元控新模式发挥了一定的作用，但也面临需要细化或分类总结的一些问题。

继盆地西部的青石卯—高沙窝天然气田发现以后，在后续的勘探开发过程中，发现上古生界的微小断裂对天然气的成藏具有重要影响。钻井距离断裂一般在 500m 左右容易获得工业气流，距离太近（＜ 200m）的钻井大多产水，距离太远（＞ 600m）的钻井大多低产（＜ $4\times10^4m^3/d$）。在盆地中部的苏里格天然气田东部，微小断裂对天然气的控制作用与盆地西部存在差异。一般的，钻井距离微小断裂在 200m 左右时容易获得工业气流甚至高产，距离大于 200m 时钻井容易低产（＜ $2\times10^4m^3/d$）甚至出水。值得一提的是，盆地中部 NE、NW 向两组微小断裂的交汇部位，钻井几乎都出水，这表明交汇区域不利于天然气的后期保存。因此，从以上论述可以看出，上古生界天然气的产量与微小断裂的关系具有一定的分区性，在盆地边部断裂的尺度较大，活动性较强，钻井与微小断裂距离适中，容易获得工业气流，在盆地中部断裂的尺度较小，活动性较弱，钻井与微小断裂的距离较近容易获得工业气流。

盆地东部的石灰岩领域，也发现了微小断裂及裂缝的发育区有利于天然气的高产富集。盆地西部的铝土岩领域，近几年发现微小断裂向下沟通地下水，可实现对沟谷体系内的铝土岩进行天然淘洗，提高了孔隙度和渗透率，促使其成为有效的储集体。

因此，针对上古生界天然气而言，微小断裂的发育程度、发育部位、切割层位对天然气的控制作用还存在一定的差异。下一步需针对不同的储层类型，进一步细化成藏模式，进而促使天然气勘探成功率持续提高。

四 中生界延长组致密油勘探

下面以探明储量区范围最大的延长组长 8 段为例进行说明。在盆地西部断裂尺度较大，分布范围较广。勘探实践表明，在天环坳陷西翼部位延长组长 8 高产富集区与两组方向的走滑断裂存在着紧密的联系，如上述的山城—洪德地区，密集发现的高产井几乎都位于天环坳陷深部的、受走滑断裂控制的断块体内。由于距离盆地边部，长 8 段处于三角洲平原相带内，长 8 段砂岩物性普遍较好，渗透率一般大于 10mD，远远大于盆地内部的砂岩渗透率（一般小于 1mD）。在这样的沉积背景下，断裂及相关块体就成为控制油气高产富集的主控因素。在天环坳陷西翼，由于砂岩的物性横向变化快，加之砂岩物性普遍致密。因此，在断裂带发育区域，储层的物性可得到局部的改善，一般沿断裂带形成高产富集带。但在盆地内部，由于断裂带本身尺度变小，活动性也变弱，加之长 8 储层致密。因此，在此种背景下，砂岩储层的物性仍是控制长 8 成藏或富集的主要因素之一。

针对长 7 页岩油，在近几年的水平井钻探过程中，确实钻遇了一些断裂带，且与地震预测符合，进一步证实了盆地内部确实发育断裂。由于水平井一般需要压裂改造，改变了原始的断裂发育状态。因此，对于断裂与长 7 页岩油成藏或富集的相关性还不是非常明确，仍需进一步研究。

在盆地边部古峰庄地区两组走滑断裂发育区域内，多表现为多口井具有多层系产油的特点，这表明了断裂对油气具有非常明显的纵向沟通作用，符合“多层系立体成藏”的模式。但在盆地其他地区尚未开展断裂与多层系产油之间关系的研究，这可作为下一步工作的重点。

五 中生界延长组长 3 段以上浅层勘探

随着盆地内部断裂的大规模发现，逐步明确了中生界两组走滑断裂对长 3 段以上浅层成藏具有极为重要的作用。断裂一方面控制了古地貌的形态，另一方面向下沟通长 7 段烃源岩，是浅层成藏最为主要的输导体系。同时，断裂也往往与低幅度构造圈闭相伴生，控制了构造相关圈闭的发育部位及展布规律。

近几年，针对前侏罗纪古地貌的高地区域，建立了“两古两今”成藏模式，取得了非常显著的勘探效果。利用三维地震资料，通过对断裂和低幅度构造圈闭的精细刻画，三维区钻井成功率由 44.4% 提升到 55.5%，高产井比例由 37.5% 提升到 52.0%。这一勘探效果在以往是难以想象的，当然这一方面依赖于勘探技术的进步，另一方面依赖于通过盆内断裂的深刻认识带来勘探思路的转变。

针对古河区，打破以往“古河区缺乏盖层和圈闭难以成藏”的认识禁锢。通过对古地貌的精细刻画，建立了“断裂通源、多阶斜坡、多阶成藏”新模式。应用这一模式，在甘陕古河、庆西古河及蒙陕古河区内部取得勘探突破，实现了“在古河内部找到油气”的多年夙愿，长 3 段以上浅层勘探取得了全面的突破。

相比以上其他领域，长 3 段以上浅层成藏与断裂的关系可能最为直接。所以，下一步应结合盆地内部刻画的断裂系统，在现有成藏认识的基础上，继续分析断裂在油气成藏中的具体作用，未来有望在延安组上部、直罗组乃至其他层系获得更大的突破。

第八章 研究成果与展望

第一节 研究成果

本书主要应用大面积、高精度的三维地震资料，对鄂尔多斯盆地内部断裂的性质、构造特征、成因机制与演化阶段进行了详细研究，在此基础之上，系统总结断裂在油气成藏中的作用，构建成藏新模式，指导勘探及开发，取得了以下结论及进展。

（1）基于“两宽一高”（宽频带、宽方位和高密度）三维地震资料，创建了多信息交互识别技术和RGB多属性融合解释技术，精细识别盆内的微小断裂。综合钻井岩心、野外地质、构造样式等方面的证据，表明盆地内部发育具有走滑性质的断裂系统。

（2）鄂尔多斯盆地内部断裂在不同构造层的展布规律和构造样式存在差异性。寒武—奥陶系发育近N—S、NW、NE三组方向断裂带，其中，近N—S断裂主要为正阶或反阶性质断裂，NW和NE向为“X”共轭断裂系；石炭系—中下三叠统断裂不发育；（中）上三叠统发育NW、NE两组方向走滑断裂带，其中，NW向断裂带局部可见雁列式排布，具花状构造样式，NE向断裂主要为“Y”字形样式；侏罗系及以上地层主要发育NE向走滑断裂带。

（3）鄂尔多斯盆地内部断裂具有克拉通内走滑断裂的典型构造特征。断裂断距小、断面陡直，隐蔽性极强；不同构造层的断裂体系相对独立发育，继承性不强，具有垂向的分层性；断裂沿走向方向表现为断距、性质、断面倾向的规律变化，具有横向的分段性；同一构造层内的盆内断裂在区域上表现为展布方向、性质上的差异，具有平面的分区性。

(4) 鄂尔多斯盆地内部被不同方向断裂切割的多个块体发生了逆时针或顺时针方向的旋转运动。应用 ESC—EHD 三维地震资料进行构造解析，通过对侏罗系层段内水平滑移距、纵向偏移距的测量，计算得到该块体发生了 25°～33° 的旋转运动。通过对盆内断裂在应力作用方式、地层岩性结构等方面的分析，建立了块体旋转运动学模式。该模式能合理解释盆内断裂的成因，并为预测块体内部构造发育规律提供了重要依据。

(5) 结合断裂分层特征、交切关系的分析及不整合面形成和岩浆活动的年龄约束，将盆内断裂划归加里东期、印支期、燕山期三大期次。断裂的分层与分期在时空关系上相对应，认为盆内断裂具有分期、分阶段演化的特点。加里东期断裂是在自西向东的挤压作用下，受纯剪区域应力场控制下形成的断裂系统，其应力的来源与古特提斯洋消减闭合、板块之间发生碰撞产生的挤压作用有关。海西期区域构造背景相对稳定，盆内应力作用较弱，断裂不发育。印支期断裂是在南、北斜向挤压、对峙的作用下，受左旋区域应力场控制下形成的断裂系统，其应力的来源与盆地南缘秦岭洋、北缘兴蒙洋的消减闭合，板块之间的碰撞挤压作用有关。燕山期断裂是在东、西斜向挤压、对峙的作用下，受左旋区域应力场控制下形成的断裂系统，其应力的来源与盆地周缘多向汇聚、挤压作用有关。喜马拉雅期断裂是否发育判定难度较大，可能在盆内的西北、东南区域发育。

(6) 盆内断裂在油气成藏中具有四个方面的作用。不同构造层之间的垂向阻隔作用——由于断裂的纵向分层，使其上、下的油气不能贯通，形成相对独立的含油气层系，有利于古生界天然气的保存，奠定了盆地“上油下气”的含油气格局。同一构造层内的纵向疏导作用——断裂在纵向上沟通“源—储”，形成同一构造层内的多组段、大面积连片油气藏。控储控产作用——断裂改善砂岩和碳酸盐岩致密储层的物性，形成“甜点区”，有利于油气局部高产富集。控圈控富作用——走滑断裂相关的断块体发生旋转运动，造成断块内部的构造形态分异，有利于局部地区高产富集。

(7) 针对中—新元古界、下古生界、上古生界、中生界四大含油气层系，总结形成断裂相关的油气成藏新模式，指导实际勘探开发工作。针对中—新元古界长城系构建“断通源＋断控圈”的三元控藏模式；针对下古生界奥陶系构建“相控储、断通源、高点富集”的三元控藏模式；针对上古生界构建“断裂＋甜点”二元控新模式；针对中生界构建断裂相关的“多层系立体成藏”模式。这些新模式对未来油气勘探具有重要的指导作用和启示意义。

(8) 建立的断裂相关成藏新模式在各个领域的勘探开发过程中取得了良好的效果，助推了中—新元古界、古生界盐下风险目标和预探井的上钻，提高了上古生界天然气和中生界石油的勘探成功率。其中，成藏新模式在中生界长 3 段以上浅层领域发挥了巨大的作用，钻井成功率较以往提升 11 个百分点，高产井比率提升 14 个百分点。

第二节　展望

近几年，克拉通内部走滑断裂已经成为研究的热点。毋庸置疑，这一方面能够促进基础地质理论的深化，另一方面也会伴生新一轮的油气发现增长点。本研究紧扣以上两大主题，力图能够取得系统全面的研究成果。但由于多方面的原因，作者还是认为存在一些本研究没有完全解决或者新发现的问题，现将其归纳如下，供大家参考：

鄂尔多斯盆地内部走滑断裂的发育特征及特殊性的体现

如果将鄂尔多斯盆地、四川盆地与塔里木盆地内部的走滑断裂进行比较，可以发现三者在走滑断裂的发育时限、结构构造、展布规律及对油气的作用等方面存在显著的差异，这就需要进一步明确鄂尔多斯盆地内部走滑断裂在这些方面所表现的特殊性及更为深层次的原因。本研究侧重对鄂尔多斯盆地内部走滑断裂的分层、分期特征进行了研究，对走滑断裂的分级、分区、分段特征虽也进行了研究，但不够深入和系统。由于这一环节研究较弱，从一定程度上也制约了盆内走滑断裂在发育的特殊性方面的系统分析。

块体分层旋转模式在盆地走滑断裂发育中是否具有普遍性

本研究仅从山城—洪德三维区出发，结合其他方面的一些证据，构建了块体分层旋转模式。但这一模式是否还有其他更为直接的证据支撑，在盆地哪些区域内具有适用性，对这些问题的论述还比较模糊，有待进一步的研究。另外，如何将盆地周缘的块体分层旋转和盆内的分层特征、分期演化过程更好地统一起来，这些还有待于进一步研究。

三 盆内走滑断裂与古、今地表的内在联系

研究虽然指出了盆地内部走滑断裂与前石炭纪、前侏罗纪古地貌具有一定的共生关系，但对两者之间的内在联系研究还不够深入。盆内走滑断裂与现今地貌、河流取向也具有一定的内在联系，但深入研究明显不够。

四 盆内断裂对油气的作用

本书虽然针对不同的勘探领域，建立了断裂相关的成藏模式，并取得了一定的勘探开发效果，但缺乏通过典型断裂带的解剖，明确断裂带的宏观控藏规律的典型实例。在以后的研究中应补充断裂带对油气作用的一些结论性认识。

参考文献

白云来，王新民，刘化清，等，2006. 鄂尔多斯盆地西部边界的确定及其地球动力学背景 [J]. 地质学报，80（6）：792-813.

长庆油田石油地质志编写组，1992. 中国石油地质志 . 卷十二：长庆油田 [M]. 北京：石油工业出版社 .

陈发景，孙家振，王波明，等，1987. 鄂尔多斯西缘褶皱 — 逆冲断层带的构造特征和找气前景 [J]. 现代地质，1（1）：103-113.

陈刚，丁超，徐黎明，等，2012. 多期次油气成藏流体包裹体间接定年：以鄂尔多斯盆地东北部二叠系油气藏为例 [J]. 石油学报，33（6）：1003-1011.

陈刚，蒋弋平，周建新，等，2008. 用古落差法研究沙埝地区断层活动强度 [J]. 小型油气藏，13（2）：7-10，59.

陈刚，孙建博，周立发，等，2007. 鄂尔多斯盆地西南缘中生代构造事件的裂变径迹年龄记录 [J]. 中国科学（D 辑：地球科学），37（S1）：110-118.

陈刚强，王学勇，刘海磊，等，2019. 准噶尔盆地乌尔禾沥青矿脉走滑断裂体系特征及形成机制 [J]. 新疆地质，37（4）：520-524.

陈金荣，施昭彤，黄华，等，2014. 江陵凹陷不同期次断层与油气成藏的关系 [J]. 石油天然气学报，36（7）：27-31.

陈世海，刘佳庆，黄元建，等，2018. 鄂尔多斯盆地基底断裂对水平井开发的影响：以胡尖山油田 H223 井区三叠系长 7 为例 [J]. 非常规油气，5（4）：43-48.

陈五泉，2009. 鄂尔多斯盆地渭北地区延长组深水砂体沉积特征及油层分布 [J]. 石油地质与工程，23（4）：16-19.

陈五泉，陈凤陵，2008. 鄂尔多斯盆地渭北地区延长组沉积特征及石油勘探方向 [J]. 石油地质与工程，22（4）：10-13.

陈永权，关宝珠，熊益学，等，2015. 复式盖层、走滑断裂带控储控藏作用：以塔里木盆地满西 — 古城地区下奥陶统白云岩勘探为例 [J]. 天然气地球科学，26（7）：1268-1276.

成良丙，曲春霞，苟永俊，等，2012. 姬塬油田长 9 油藏断层特征及对油藏的影响 [J]. 岩性油气藏，24（5）：50-54.

池英柳，赵文智，2000. 渤海湾盆地新生代走滑构造与油气聚集 [J]. 石油学报，21（2）：14-20.

崔晓玲，张晓宝，马素萍，等，2013. 同沉积构造研究进展 [J]. 天然气地球科学，24（4）：747-754.

戴广凯，2005. 鄂尔多斯盆地东西缘断裂对比 [D]. 青岛：山东科技大学 .

代金友，何顺利，2010. 鄂尔多斯盆地中部气田断层发现及其意义 [J]. 石油勘探与开发，37（2）：188-195.

邓军，王庆飞，黄定华，等，2005. 鄂尔多斯盆地基底演化及其对盖层控制作用 [J]. 地学前缘，

12（3）：91-99.

邓铭哲，方成名，邓棚，等，2020. 松辽盆地南部梨树地区走滑—逆冲构造的成因：以小宽断裂带为例 [J]. 石油学报，41（9）：1089-1099.

邓起东，朱艾斓，高翔，2014. 再议走滑断裂与地震孕育和发生条件 [J]. 地震地质，36（3）：562-573.

邓尚，李慧莉，韩俊，等，2019. 塔里木盆地顺北 5 号走滑断裂中段活动特征及其地质意义 [J]. 石油与天然气地质，40（5）：990-998.

邓尚，李慧莉，张仲培，等，2018. 塔里木盆地顺北及邻区主干走滑断裂带差异活动特征及其与油气富集的关系 [J]. 石油与天然气地质，39（5）：878-888.

邓尚，刘雨晴，刘军，等，2021. 克拉通盆地内部走滑断裂发育、演化特征及其石油地质意义：以塔里木盆地顺北地区为例 [J]. 大地构造与成矿学，45（6）：1111-1126.

邓兴梁，闫婷，张银涛，等，2021. 走滑断裂断控碳酸盐岩油气藏的特征与井位部署思路：以塔里木盆地为例 [J]. 天然气工业，41（3）：21-29.

邸领军，2003. 鄂尔多斯盆地基底演化及沉积盖层相关问题的探究 [D]. 西安：西北大学 .

邸领军，2006. 鄂尔多斯盆地储集层物性断裂对超低渗油气藏的控制作用 [J]. 石油勘探与开发，33（6）：667-670.

丁博钊，张光荣，陈康，等，2017. 四川盆地高石梯地区震旦系岩溶塌陷储集体成因及意义 [J]. 天然气地球科学，28（8）：1211-1218.

董敏，宋微，王志海，等，2019. 鄂尔多斯盆地基底断裂多期演化及其主控因素分析：基于构造物理模拟实验 [J]. 地球学报，40（6）：847-852.

窦伟坦，侯明才，陈洪德，等，2008. 鄂尔多斯盆地三叠系延长组油气成藏条件及主控因素研究 [J]. 成都理工大学学报（自然科学版），35（6）：686-692.

杜芳鹏，刘池洋，王建强，等，2014. 鄂尔多斯盆地南部上三叠统延长组软沉积变形特征及构造意义 [J]. 现代地质，28（2）：314-320.

杜锦，马德波，刘伟，等，2020. 塔里木盆地肖塘南地区断裂构造特征与成因分析 [J]. 天然气地球科学，31（5）：658-666.

樊双虎，张天宇，卢玉东，等，2020. 鄂尔多斯西南缘陇县—岐山断层构造地貌特征定量分析 [J]. 西北地质，53（2）：60-76.

方国庆，王多云，林锡祥，等，1999. 陕甘宁盆地中部东西向构造带的确定及其聚气意义 [J]. 石油与天然气地质，20（3）：195-198.

丰成君，张鹏，戚帮申，等，2017. 走滑断裂活动导致地应力解耦的机理研究：以龙门山断裂带东北段为例 [J]. 大地测量与地球动力学，37（10）：1003-1009.

冯保周，于长录，何太洪，等，2022. 鄂尔多斯盆地伊陕斜坡北部断裂体系的发现及地质意义 [J]. 西安石油大学学报（自然科学版），37（2）：1-8.

冯艳伟，陈勇，赵振宇，等，2021. 鄂尔多斯盆地中部地区马家沟组断裂控制天然气运移方向

的流体包裹体证据 [J]. 地球科学，46（10）：3601-3614.

冯志强，李萌，郭元岭，等，2022. 中国典型大型走滑断裂及相关盆地成因研究 [J]. 地学前缘，29（6）：206-223.

付锁堂，马达德，郭召杰，等，2015. 柴达木走滑叠合盆地及其控油气作用 [J]. 石油勘探与开发，42（6）：712-722.

傅宁，杨树春，贺清，等，2016. 鄂尔多斯盆地东缘临兴 — 神府区块致密砂岩气高效成藏条件 [J]. 石油学报，37（S1）：111-120.

高峰，王岳军，刘顺生，等，2000. 利用磷灰石裂变径迹研究鄂尔多斯盆地西缘热历史 [J]. 大地构造与成矿学，24（1）：87-91.

葛肖虹，任收麦，刘永江，等，2006. 中国大型走滑断裂的复位研究与油气资源战略选区预测 [J]. 地质通报，25（Z2）：1022-1027.

管树巍，梁瀚，姜华，等，2022. 四川盆地中部主干走滑断裂带及伴生构造特征与演化 [J]. 地学前缘，29（6）：252-264.

韩剑发，苏洲，陈利新，等，2019. 塔里木盆地台盆区走滑断裂控储控藏作用及勘探潜力 [J]. 石油学报，40（11）：1296-1310.

郝伟俊，康志宏，项云飞，2017. 鄂尔多斯盆地东部岩溶特征及成因类型 [J]. 煤炭技术，36（7）：118-120.

何登发，李德生，童晓光，2010. 中国多旋回叠合盆地立体勘探论 [J]. 石油学报，31（5）：695-709.

何发岐，梁承春，陆骋，等，2020. 鄂尔多斯盆地南缘过渡带致密 — 低渗油藏断缝体的识别与描述 [J]. 石油与天然气地质，41（4）：710-718.

何发岐，王付斌，郭利果，等，2022. 鄂尔多斯盆地古生代原型盆地演化与构造沉积格局变迁 [J]. 石油实验地质，44（3）：373-384.

何天翼，刘弢，李刚，2005. 鄂尔多斯盆地西缘地质构造特征及勘探方向 [J]. 石油地球物理勘探，40（S1）：65-68.

何自新，2003. 鄂尔多斯盆地演化与油气 [M]. 北京：石油工业出版社 .

贺聪，吉利明，苏奥，等，2017. 利用预测有机碳含量探讨鄂尔多斯盆地延长组有机质丰度空间分布及控制因素 [J]. 地质学报，91（8）：1836-1847.

胡望水，吴婵，梁建设，等，2011. 北部湾盆地构造迁移特征及对油气成藏的影响 [J]. 石油与天然气地质，32（6）：920-927.

胡志伟，徐长贵，王德英，等，2019. 渤海海域走滑断裂叠合特征与成因机制 [J]. 石油勘探与开发，46（2）：254-267.

黄飞鹏，张会平，熊建国，等，2021. 走滑断裂百万年时间尺度位移量估计及其在阿尔金断裂系中的应用 [J]. 地质力学学报，27（2）：208-217.

黄雷，刘池洋，2019. 张扭断裂带内复合花状构造的成因与意义 [J]. 石油学报，40（12）：

1460–1469.

黄少英，张玮，罗彩明，等，2021. 塔里木盆地中部满深 1 断裂带的多期断裂活动 [J]. 地质科学，56（4）：1015–1033.

黄伟亮，杨晓平，李胜强，等，2018. 天山内部走滑断裂晚第四纪活动特征研究：以开都河断裂为例 [J]. 地震地质，40（5）：1040–1058.

贾承造，马德波，袁敬一，等，2021. 塔里木盆地走滑断裂构造特征、形成演化与成因机制 [J]. 天然气工业，41（8）：81–91.

贾进斗，何国琦，李茂松，等，1997. 鄂尔多斯盆地基底结构特征及其对古生界天然气的控制 [J]. 高校地质学报，3（2）：17–26.

焦方正，杨雨，冉崎，等，2021. 四川盆地中部地区走滑断层的分布与天然气勘探 [J]. 天然气工业，41（8）：92–101.

靳久强，1990. 鄂尔多斯地块西缘断裂带南段构造特征及其演化 [M]// 赵重远，华北克拉通沉积盆地形成与演化及其油气赋存 . 西安：西北大学出版社 .

康琳，郭涛，王伟，等，2020. 基于地层厚度趋势相关性分析的走滑位移量计算：以渤海湾盆地辽东断裂为例 [J]. 海洋地质前沿，36（11）：2–10.

孔永吉，吴孔友，刘寅，2020. 塔里木盆地顺南地区走滑断裂发育特征及演化 [J]. 地质与资源，29（5）：446–453.

李飞跃，杨海长，杨东升，等，2020. 琼东南盆地长昌凹陷中部伸展 — 走滑复合断裂带及其油气勘探意义 [J]. 海相油气地质，25（3）：263–268.

李国会，李世银，李会元，等，2021. 塔里木盆地中部走滑断裂系统分布格局及其成因 [J]. 天然气工业，41（3）：30–37.

李海英，刘军，龚伟，等，2020. 顺北地区走滑断裂与断溶体圈闭识别描述技术 [J]. 中国石油勘探，25（3）：107–120.

李满，肖骑彬，喻国，2020. 阿尔金走滑断裂带昌马段的电性结构样式及构造意义 [J]. 地球物理学报，63（11）：4125–4143.

李萌，汤良杰，李宗杰，等，2016. 走滑断裂特征对油气勘探方向的选择：以塔中北坡顺 1 井区为例 [J]. 石油实验地质，38（1）：113–121.

李明，高建荣，2010. 鄂尔多斯盆地基底断裂与火山岩的分布 [J]. 中国科学：地球科学，40（8）：1005–1013.

李明，闫磊，韩绍阳，2012. 鄂尔多斯盆地基底构造特征 [J]. 吉林大学学报（地球科学版），42（S3）：38–43.

李培军，陈红汉，唐大卿，等，2017. 塔里木盆地顺南地区中 — 下奥陶统 NE 向走滑断裂及其与深成岩溶作用的耦合关系 [J]. 地球科学，42（1）：93–104.

李荣西，段立志，陈宝赟，等，2012. 鄂尔多斯盆地三叠系延长组砂岩钠长石化与热液成岩作用研究 [J]. 岩石矿物学杂志，31（2）：173–180.

李士祥，邓秀芹，庞锦莲，等，2010. 鄂尔多斯盆地中生界油气成藏与构造运动的关系 [J]. 沉积学报，28（4）：798-807.

李潍莲，刘震，张宏光，等，2012. 鄂尔多斯盆地塔巴庙地区断层对上古生界天然气富集成藏的控制 [J]. 地球科学与环境学报，34（4）：22-29.

李文辉，王海燕，高锐，等，2022. 秦岭造山带及邻区上地壳精细速度结构研究 [J]. 地学前缘，29（2）：198-209.

李相博，刘化清，完颜容，等，2012. 鄂尔多斯晚三叠世盆地构造属性及后期改造 [J]. 石油实验地质，34（4）：376-382.

李相文，冯许魁，刘永雷，等，2018. 塔中地区奥陶系走滑断裂体系解剖及其控储控藏特征分析 [J]. 石油物探，57（5）：764-774.

李元昊，刘池洋，王秀娟，等，2007. 鄂尔多斯盆地三叠系延长组砂岩墙（脉）特征及其地质意义 [J]. 中国地质，34（3）：400-405.

李月，刘铮，2017. 浮来山断裂带流体活动期次分析：断裂带内方解石脉的阴极发光证据 [J]. 中国煤炭地质，29（3）：5-9.

李月，颜世永，宋召军，等，2010. 平南油田断裂活动与油气成藏期次研究：基于流体包裹体的证据 [J]. 山东科技大学学报（自然科学版），29（3）：14-19.

李振宏，张军，郑聪斌，2005. 鄂尔多斯盆地西缘断裂特征与油气运聚研究 [J]. 石油物探，44（3）：246-250.

栗兵帅，颜茂都，张伟林，2022. 柴北缘早新生代旋转变形特征及其构造意义 [J]. 地学前缘，29（4）：249-264.

林波，云露，李海英，等，2021. 塔里木盆地顺北 5 号走滑断层空间结构及其油气关系 [J]. 石油与天然气地质，42（6）：1344-1353.

刘宝增，2020. 塔里木盆地顺北地区油气差异聚集主控因素分析：以顺北 1 号、顺北 5 号走滑断裂带为例 [J]. 中国石油勘探，25（3）：83-95.

刘池洋，赵红格，桂小军，等，2006. 鄂尔多斯盆地演化 — 改造的时空坐标及其成藏（矿）响应 [J]. 地质学报，80（5）：617-638.

刘池洋，赵红格，王锋，等，2005. 鄂尔多斯盆地西缘（部）中生代构造属性 [J]. 地质学报，79（6）：737-747.

刘池洋，赵俊峰，马艳萍，等，2014. 富烃凹陷特征及其形成研究现状与问题 [J]. 地学前缘，21（1）：75-88.

刘和甫，夏义平，殷进垠，等，1999. 走滑造山带与盆地耦合机制 [J]. 地学前缘，6（3）：121-132.

刘军，贾东，尹宏伟，等，2020. 青藏高原东缘非刚性书斜式断层模型的物理模拟实验研究 [J]. 地质学报，94（6）：1780-1792.

刘军，任丽丹，李宗杰，等，2017. 塔里木盆地顺南地区深层碳酸盐岩断裂和裂缝地震识别与

评价 [J]. 石油与天然气地质，38（4）：703-710.
刘亢，曹代勇，徐浩，等，2014. 鄂尔多斯煤盆地西缘古构造应力场演化分析 [J]. 中国煤炭地质，26（8）：87-90.
刘瑞春，张锦，郭文峰，等，2021. 鄂尔多斯块体东南缘现今的变形特征与构造模式探讨 [J]. 地震地质，43（3）：540-558.
刘少峰，杨士恭，1997. 鄂尔多斯盆地西缘南北差异及其形成机制 [J]. 地质科学，32（3）：397-408.
刘腾，2017. 鄂尔多斯盆地东北缘断裂构造特征及其油气成藏效应 [D]. 西安：西北大学 .
刘行松，唐汉军，1992. 断层活动期次的探讨 [J]. 地质科学，（S1）：240-246.
刘永涛，刘池洋，赵俊峰，等，2018. 鄂尔多斯盆地西缘中部微小断层的成因机制与控藏特征 [J]. 地质科学，53（3）：922-940.
刘永涛，周义军，刘池洋，等，2020. 鄂尔多斯盆地隐蔽型走滑断裂带构造特征及其油气地质意义 [J]. 地质论评，66（S1）：90-92.
刘震，姚星，胡晓丹，等，2013. 鄂尔多斯盆地中生界断层的发现及其对成藏的意义 [J]. 地球科学与环境学报，35（2）：56-66.
罗群，2008. 鄂尔多斯盆地西缘马家滩地区冲断带断裂特征及其控藏模式 [J]. 地球学报，29（5）：619-627.
马德波，汪泽成，段书府，等，2018. 四川盆地高石梯—磨溪地区走滑断层构造特征与天然气成藏意义 [J]. 石油勘探与开发，45（5）：795-805.
马海陇，于静芳，张长建，等，2019. 塔里木盆地巴楚隆起东段北东向走滑断裂特征 [J]. 新疆地质，37（3）：348-353.
马庆佑，沙旭光，李玉兰，等，2012. 塔中顺托果勒区块走滑断裂特征及控油作用 [J]. 石油实验地质，34（2）：120-124.
马润勇，朱浩平，张道法，等，2009. 鄂尔多斯盆地基底断裂及其现代活动性 [J]. 地球科学与环境学报，31（4）：400-408.
马瑶，朱云龙，侯煜菲，等，2018. 鄂尔多斯盆地陕北地区延长组长 9 深部层系油气成藏特征研究 [J]. 非常规油气，5（5）：1-7.
聂冠军，于红梅，何声，等，2020. 右江地区新生代断裂活动及构造变形机制的物理模拟分析 [J]. 地质力学学报，26（3）：316-328.
牛成民，薛永安，黄江波，等，2019. 渤海海域隐性走滑断层形成机理、识别方法与控藏作用 [J]. 中国海上油气，31（6）：1-12.
潘爱芳，赫英，黎荣剑，等，2005. 鄂尔多斯盆地基底断裂与能源矿产成藏成矿的关系 [J]. 大地构造与成矿学，29（4）：37-42.
潘爱芳，赫英，徐宝亮，等，2005. 鄂尔多斯盆地基底断裂地球化学特征研究 [J]. 西北大学学报（自然科学版），35（4）：440-444.

潘杰，刘忠群，蒲仁海，等，2017. 鄂尔多斯盆地镇原—泾川地区断层特征及控油意义 [J]. 石油地球物理勘探，52（2）：360-370.

邱华标，印婷，曹自成，等，2017. 塔里木盆地塔中北坡走滑断裂特征与奥陶系油气勘探 [J]. 海相油气地质，22（4）：44-52.

邱欣卫，刘池洋，2014. 鄂尔多斯盆地延长期湖盆充填类型与优质烃源岩的发育 [J]. 地球学报，35（1）：101-110.

邱欣卫，2011. 鄂尔多斯盆地延长期富烃凹陷特征及其形成的动力学环境 [D]. 西安：西北大学.

屈雪峰，赵中平，雷启鸿，等，2020. 鄂尔多斯盆地合水地区延长组裂缝发育特征及控制因素 [J]. 物探与化探，44（2）：262-270.

任健，官大勇，陈兴鹏，等，2017. 走滑断裂叠置拉张区构造变形的物理模拟及启示 [J]. 大地构造与成矿学，41（3）：455-465.

邵晓州，王苗苗，齐亚林，等，2022. 鄂尔多斯盆地盐池地区中生界断裂特征及其石油地质意义 [J]. 中国石油勘探，27（5）：83-95.

邵延秀，2019. 走滑断裂阶区古地震复发行为研究：以阿尔金—海原走滑断裂系为例 [J]. 国际地震动态，485（5）：41-42.

申俊峰，申旭辉，曹忠全，等，2007. 断层泥石英微形貌特征在断层活动性研究中的意义 [J]. 矿物岩石，27（1）：90-96.

司文朋，薛诗桂，马灵伟，等，2019. 顺北走滑断裂—断溶体物理模拟及地震响应特征分析 [J]. 石油物探，58（6）：911-919.

苏柏，张书迪，刘勇，2017. 川东褶皱带南段构造物理模拟研究 [J]. 四川地质学报，37（4）：552-556.

苏中堂，胡孙龙，刘国庆，等，2022. 鄂尔多斯盆地早古生代构造分异作用对碳酸盐岩沉积与规模性储层发育的控制 [J]. 成都理工大学学报（自然科学版），49（5）：513-532.

孙东，杨丽莎，王宏斌，等，2015. 塔里木盆地哈拉哈塘地区走滑断裂体系对奥陶系海相碳酸盐岩储层的控制作用 [J]. 天然气地球科学，26（S1）：80-87.

孙豪，徐国盛，余箐，等，2021. 渤南地区叠合走滑断裂体系的控藏效应 [J]. 成都理工大学学报（自然科学版），48（2）：206-216.

孙萌思，2018. 鄂尔多斯盆地延长期富烃凹陷地质构造特征及其形成环境 [D]. 西安：西北大学.

孙岩，李本亮，刘海龄，等，1999. 论层滑、倾滑和走滑断裂系统 [J]. 地质力学学报，5（3）：53-57.

覃小丽，2017. 鄂尔多斯盆地东部上古生界储层特征分析及敏感性评价 [D]. 西安：长安大学.

田安琦，陈石，余一欣，等，2022. 准噶尔盆地莫索湾凸起西缘走滑断裂分层变形特征及形成机理 [J]. 现代地质：1-15.

田鹏，马庆佑，吕海涛，2016. 塔里木盆地北部跃参区块走滑断裂对油气成藏的控制 [J]. 石油实验地质，38（2）：156-161.

完颜容，李相博，张才利，等，2015. 鄂尔多斯盆地中下三叠统地层分布特征与沉积相研究 [C]. 全国沉积学大会沉积学与非常规资源会议，10.16，中国 湖北 武汉 .

汪如军，王轩，邓兴梁，等，2021. 走滑断裂对碳酸盐岩储层和油气藏的控制作用：以塔里木盆地北部坳陷为例 [J]. 天然气工业，41（3）：10-20.

汪泽成，赵文智，门相勇，等，2005. 基底断裂“隐性活动”对鄂尔多斯盆地上古生界天然气成藏的作用 [J]. 石油勘探与开发，32（1）：9-13.

王二七，孟庆任，2008. 对龙门山中生代和新生代构造演化的讨论 [J]. 中国科学（D 辑：地球科学)，38（10）：1221-1233.

王建强，刘池洋，刘鑫，等，2011. 鄂尔多斯盆地南部下白垩统演化改造特征 [J]. 西北大学学报（自然科学版)，41（2）：291-297.

王猛，2019. 鄂尔多斯盆地镇原 - 泾川地区中生界断裂发育特征 [J]. 断块油气田，26（2）：142-146.

王启宇，郑荣才，梁晓伟，等，2011. 鄂尔多斯盆地姬塬地区延长组裂缝特征及成因 [J]. 成都理工大学学报（自然科学版)，38（2）：220-228.

王清华，杨海军，汪如军，等，2021. 塔里木盆地超深层走滑断裂断控大油气田的勘探发现与技术创新 [J]. 中国石油勘探，26（4）：58-71.

王润三等 . 鄂尔多斯盆地岩浆岩分布及其与油气聚集的关系 [S]. 陕西西安：2008.

王同和，1992. 华北克拉通中腰纬向构造带的特征及演化 [J]. 山西地质，7（3）：301-312.

王伟锋，周维维，徐守礼，2017. 沉积盆地断裂趋势带形成演化及其控藏作用 [J]. 地球科学，42（4）：613-624.

王亚莹，蔡剑辉，阎国翰，等，2014. 山西临县紫金山碱性杂岩体 SHRIMP 锆石 U-Pb 年龄、地球化学和 Sr-Nd-Hf 同位素研究 [J]. 岩石矿物学杂志，33（6）：1052-1072.

韦丹宁，付广，2016. 反向断裂下盘较顺向断裂上盘更易富集油气机理的定量解释 [J]. 吉林大学学报（地球科学版)，46（3）：702-710.

魏国齐，朱秋影，杨威，等，2019. 鄂尔多斯盆地寒武纪断裂特征及其对沉积储集层的控制 [J]. 石油勘探与开发，46（5）：836-847.

翁凯，李荣西，徐学义，等，2012. 鄂尔多斯盆地西南缘龙门隐伏碱性杂岩体地球化学特征 [J]. 新疆地质，30（4）：471-476.

吴富峣，冉勇康，李安，等，2016. 东天山东段碱泉子 — 巴里坤断裂系晚第四纪左旋走滑的地质证据 [J]. 地震地质，38（3）：617-630.

吴汉宁，周立发，赵重远，1993. 阿拉善及邻区石炭二叠系古地磁学研究及意义 [J]. 中国科学（B 辑)，23（5）：527-536.

夏义平，刘万辉，徐礼贵，等，2007. 走滑断层的识别标志及其石油地质意义 [J]. 中国石油勘探，12（1）：17-23.

肖坤泽，童亨茂，2020. 走滑断层研究进展及启示 [J]. 地质力学学报，26（2）：151-166.

肖阳，邬光辉，雷永良，等，2017. 走滑断裂带贯穿过程与发育模式的物理模拟 [J]. 石油勘探与开发，44（3）：340-348.

肖媛媛，任战利，秦江锋，等，2007. 山西临县紫金山碱性杂岩 LA-ICP MS 锆石 U-Pb 年龄、地球化学特征及其地质意义 [J]. 地质论评，53（5）：656-663.

谢佳彤，付小平，秦启荣，等，2021. 川东南东溪地区龙马溪组裂缝分布预测及页岩气保存条件评价 [J]. 煤田地质与勘探，49（6）：35-45.

徐长贵，2016. 渤海走滑转换带及其对大中型油气田形成的控制作用 [J]. 地球科学，41（9）：1548-1560.

徐长贵，加东辉，宛良伟，2017. 渤海走滑断裂对古近系源—汇体系的控制作用 [J]. 地球科学，42（11）：1871-1882.

徐嘉炜，1995. 论走滑断层作用的几个主要问题 [J]. 地学前缘，2（2）：125-136.

徐黎明，周立发，张义楷，等，2006. 鄂尔多斯盆地构造应力场特征及其构造背景 [J]. 大地构造与成矿学，30（4）：455-462.

徐兴雨，王伟锋，2020. 鄂尔多斯盆地隐性断裂识别及其控藏作用 [J]. 地球科学，45（5）：1754-1768.

许斌斌，张冬丽，张培震，等，2019. 冲积扇河流阶地演化对走滑断裂断错位移的限定 [J]. 地震地质，41（3）：587-602.

许建红，程林松，鲍朋，等，2007. 鄂尔多斯盆地三叠系延长组油藏地质特征 [J]. 西南石油大学学报，29（5）：13-17.

杨桂林，任战利，何发岐，等，2022. 鄂尔多斯盆地西南缘镇泾地区断缝体发育特征及油气富集规律 [J]. 石油与天然气地质，43（6）：1382-1396.

杨海军，于双，张海祖，等，2020. 塔里木盆地轮探 1 井下寒武统烃源岩地球化学特征及深层油气勘探意义 [J]. 地球化学，49（6）：666-682.

杨华，陶家庆，欧阳征健，等，2011. 鄂尔多斯盆地西缘构造特征及其成因机制 [J]. 西北大学学报（自然科学版），41（5）：863-868.

杨俊杰，2002. 鄂尔多斯盆地构造演化与油气分布规律 [M]. 北京：石油工业出版社 .

杨俊杰，张伯荣，1987. 扭压型冲断及扭裂型冲断的构造特征 [J]. 石油勘探与开发，6（6）：8-14.

杨丽华，刘池洋，代双和，等，2021. 鄂尔多斯盆地古峰庄地区断裂特征及油气地质意义 [J]. 地球科学进展，36（10）：1039-1051.

杨明慧，刘池洋，郑孟林，等，2007. 鄂尔多斯盆地中晚三叠世两种不同类型边缘层序构成及对构造活动响应 [J]. 中国科学（D 辑：地球科学），37（S1）：173-184.

杨威，周刚，李海英，等，2021. 碳酸盐岩深层走滑断裂成像技术 [J]. 新疆石油地质，42（2）：246-252.

杨兴科，晁会霞，郑孟林，等，2008. 鄂尔多斯盆地东部紫金山岩体 SHRIMP 测年地质意义 [J].

矿物岩石，28（1）：54-63.
杨亚娟，张艳，丁雪峰，等，2012. 鄂尔多斯盆地B192井中生界天然气形成条件探讨[J]. 重庆科技学院学报（自然科学版），14（1）：44-47.
杨勇，汤良杰，郭颖，等，2016. 塔中隆起NNE向走滑断裂特征及形成机制[J]. 中国地质，43（5）：1569-1578.
杨振宇，马醒华，孙知明，等，1998. 华北盆地南缘早古生代岩石的重磁化：I. 古地磁结果及其意义[J]. 中国科学（D辑：地球科学），28（S1）：24-30.
姚宗惠，张明山，曾令邦，等，2003. 鄂尔多斯盆地北部断裂分析[J]. 石油勘探与开发，30（2）：20-23.
余一欣，周心怀，徐长贵，等，2014. 渤海辽东湾坳陷走滑断裂差异变形特征[J]. 石油与天然气地质，35（5）：632-638.
袁兆德，刘静，周游，等，2020. 阿尔金断裂中段乌尊硝尔段古地震记录与级联破裂行为[J]. 中国科学：地球科学，50（1）：50-65.
曾传富，2016. 鄂尔多斯盆地中三叠统纸坊组沉积特征及古环境研究[D]. 成都：成都理工大学.
曾联波，李忠兴，史成恩，等，2007. 鄂尔多斯盆地上三叠统延长组特低渗透砂岩储层裂缝特征及成因[J]. 地质学报，81（2）：174-180.
张国伟，董云鹏，裴先治，等，2002. 关于中新生代环西伯利亚陆内构造体系域问题[J]. 地质通报，21（Z1）：198-201.
张国伟，张本仁，袁学诚，等，2001. 秦岭造山带与大陆动力学[M]. 北京：科学出版社.
张泓，白清昭，张笑薇，等，1995. 鄂尔多斯聚煤盆地的形成及构造环境[J]. 煤田地质与勘探，23（3）：1-9.
张继标，张仲培，汪必峰，等，2018. 塔里木盆地顺南地区走滑断裂派生裂缝发育规律及预测[J]. 石油与天然气地质，39（5）：955-963.
张进，马宗晋，任文军，2000. 鄂尔多斯盆地西缘逆冲带南北差异的形成机制[J]. 大地构造与成矿学，24（2）：124-133.
张进，马宗晋，任文军，2004. 鄂尔多斯西缘逆冲褶皱带构造特征及其南北差异的形成机制[J]. 地质学报，78（5）：600-611.
张抗，1983. 从物探资料看鄂尔多斯盆地基底构造特征[J]. 石油物探，22（3）：74-80.
张抗，吴紫电，1985. 鄂尔多斯断块西缘断裂带的构造特征及含油气远景评价[J]. 石油与天然气地质，6（1）：71-81.
张珂，邹和平，刘忠厚，等，2009. 鄂尔多斯盆地侏罗纪西界分析[J]. 地质论评，55（6）：761-774.
张莉，2003. 陕甘宁盆地储层裂缝特征及形成的构造应力场分析[J]. 地质科技情报，22（2）：21-24.
张培震，李传友，毛凤英，2008. 河流阶地演化与走滑断裂滑动速率[J]. 地震地质，30（1）：

44-57.

张拴宏，赵越，2006. 与大型走滑断裂相关的旋转 [J]. 地质科技情报，25（3）：29-34.

张文正，杨华，解丽琴，等，2010. 湖底热水活动及其对优质烃源岩发育的影响：以鄂尔多斯盆地长 7 烃源岩为例 [J]. 石油勘探与开发，37（4）：424-429.

张晓莉，谢正温，2005. 鄂尔多斯盆地中部山西组 — 下石盒子组储层特征 [J]. 大庆石油地质与开发，24（6）：24-27.

张新超，孙赞东，赵俊省，等，2013. 塔中北斜坡走滑断裂断距及其与油气的关系 [J]. 新疆石油地质，34（5）：528-530.

张园园，任战利，何发岐，等，2020. 克拉通盆地构造转折区中 — 新生界构造特征及其控藏意义：以鄂尔多斯盆地西南部镇泾地区延长组为例 [J]. 岩石学报，36（11）：3537-3549.

张岳桥，董树文，2008. 郯庐断裂带中生代构造演化史：进展与新认识 [J]. 地质通报，27（9）：1371-1390.

张岳桥，廖昌珍，施炜，等，2006. 鄂尔多斯盆地周边地带新构造演化及其区域动力学背景 [J]. 高校地质学报，12（3）：285-297.

张岳桥，廖昌珍，2006. 晚中生代 — 新生代构造体制转换与鄂尔多斯盆地改造 [J]. 中国地质，33（1）：28-40.

张岳桥，2004. 晚新生代青藏高原构造挤出及其对中国东部裂陷盆地晚期油气成藏的影响 [J]. 石油与天然气地质，25（2）：162-169.

赵航，李大虎，赵晶，等，2021. 甘孜 — 玉树断裂南段浅层地震反射波法探测 [J]. 四川地震，178（1）：6-11.

赵红格，刘池洋，王峰，等，2006. 鄂尔多斯盆地西缘构造分区及其特征 [J]. 石油与天然气地质，27（2）：173-179.

赵红格，刘池洋，王锋，等，2007. 贺兰山隆升时限及其演化 [J]. 中国科学（D 辑：地球科学），37（S1）：185-192.

赵红格，刘池洋，王建强，等，2009. 鄂尔多斯盆地西缘中部的横向构造带探讨 [J]. 西北大学学报（自然科学版），39（3）：490-496.

赵红格，刘池洋，姚亚明，等，2007. 鄂尔多斯盆地西缘差异抬升的裂变径迹证据 [J]. 西北大学学报（自然科学版），37（3）：470-474.

赵靖舟，白玉彬，曹青，等，2012. 鄂尔多斯盆地准连续型低渗透 - 致密砂岩大油田成藏模式 [J]. 石油与天然气地质，33（6）：811-827.

赵俊峰，刘池洋，王晓梅，等，2009. 吕梁山地区中 — 新生代隆升演化探讨 [J]. 地质论评，55（5）：663-672.

赵俊峰，刘池洋，喻林，等，2008. 鄂尔多斯盆地中生代沉积和堆积中心迁移及其地质意义 [J]. 地质学报，82（4）：540-552.

赵孟为，1996. 鄂尔多斯盆地志留 — 泥盆纪和侏罗纪热事件：伊利石 K-Ar 年龄证据 [J]. 地质学报，70（2）：186-194.

赵文智，胡素云，汪泽成，等，2003. 鄂尔多斯盆地基底断裂在上三叠统延长组石油聚集中的石油聚集中的控制作用 [J]. 石油勘探与开发，35（5）：1-5.

赵文智，王新民，郭彦如，等，2005. 鄂尔多斯盆地西部晚三叠世原型盆地及其改造演化 [C]. 鄂尔多斯盆地及邻区中新生代演化动力学和其资源环境效应学术研讨会，10.29，中国 陕西 西安 .

赵晓辰，刘池洋，王建强，等，2016. 南北构造带北部香山地区中—新生代构造抬升事件 [J]. 岩石学报，32（7）：2124-2136.

赵野，杨海风，黄振，等，2020. 渤海海域庙西南洼陷走滑构造特征及其对油气成藏的控制作用 [J]. 油气地质与采收率，27（4）：35-44.

赵重远，1990. 鄂尔多斯地块西缘构造单位划分及构造展布格局和形成机制 [M]// 杨俊杰 . 鄂尔多斯盆地西缘逆冲带构造与油气 . 兰州：甘肃科学技术出版社：40-53.

赵重远，刘池洋，等，1990. 华北克拉通沉积盆地形成与演化及其油气赋存 [M]. 西安：西北大学出版社 .

郑定业，庞雄奇，姜福杰，等，2020. 鄂尔多斯盆地临兴地区上古生界致密气成藏特征及物理模拟 [J]. 石油与天然气地质，41（4）：744-754.

郑和荣，胡宗全，云露，等，2022. 中国海相克拉通盆地内部走滑断裂发育特征及控藏作用 [J]. 地学前缘，29（6）：224-238.

钟福平，钟建华，由伟丰，等，2011. 贺兰山汝箕沟三叠纪钙质结核特征及环境意义 [J]. 大庆石油学院学报，35（1）：26-29.

周新源，吕修祥，杨海军，等，2013. 塔中北斜坡走滑断裂对碳酸盐岩油气差异富集的影响 [J]. 石油学报，34（4）：628-637.

朱明，袁波，梁则亮，等，2021. 准噶尔盆地周缘断裂属性与演化 [J]. 石油学报，42（9）：1163-1173.

朱日祥，杨振宇，马醒华，等，1998. 中国主要地块显生宙古地磁视极移曲线与地块运动 [J]. 中国科学（D 辑：地球科学），28（S1）：1-16.

邹雯，陈海清，杨波，等，2016. 山西临县紫金山岩体特征及其对致密气的成藏作用 [J]. 石油地球物理勘探，51（S1）：120-125.

邹玉涛，张文睿，2021. 川东南 LZ 地区走滑断裂特征与油气成藏作用 [J]. 中国石油和化工标准与质量，41（16）：128-129.

左洺滔，胡忠贵，张春林，等，2021. 克拉通盆地差异性构造活动对碳酸盐岩储集体的控制：以鄂尔多斯盆地马家沟组盐下储层为例 [J]. 中国地质，48（3）：794-806.

Allen M B，Walters R J，Song S G，et al，2017. Partitioning of oblique convergence coupled to the fault locking behavior of fold-and-thrust belts：evidence from the Qilian Shan，northeastern Tibetan Plateau[J]. Tectonics，36（9）：1679-1698.

Allen P A, Allen J R, 2005. Basin analysis: principles and applications [M]. Oxford: Blackwell Scientific Publication.

Aydin A, Nur A, 1982. Evolution of pull-apart basins and their scale independence[J]. Tectonics, 1 (1): 91-105.

Aydin A, Nur A, 1985. The types and role of stepovers in strike-slip tectonics[J]. Society of Economic Paleontologists and Mineralogists, 37: 35-44.

Aydin A, Page B M, 1984. Diverse Pliocene-Quaternary tectonics in a transform environment, San Francisco Bay region, California[J]. GSA Bulletin, 95 (11): 1303-1317.

Aydin A, 2000. Fractures, faults, and hydrocarbon entrapment, migration and flow[J]. Marine and Petroleum Geology, 17 (7): 797-814.

Bahat D, 1984. New aspects of rhomb structures[J]. Journal of Structural Geology, 5 (5): 591-601.

Bai D, Yang M, Lei Z, et al, 2020. Effect of tectonic evolution on hydrocarbon charging time: a case study from Lower Shihezi Formation (Guadalupian), the Hangjinqi area, northern Ordos, China[J]. Journal of Petroleum Science and Engineering, 184: 106465.

Basile C, Brun P J, 1999. Transtensional faulting patterns ranging from pull-apart basins to transform continental margins: an experimental investigation[J]. Journal of Structural Geology, 21 (1): 23-47.

Biddle K T, Christie B N, 1985. Strike-slip deformation, basin formation, and sedimentation[J]. Society of Economic Paleontologists and Mineralogists, 37: 1-34.

Bose S, 2010. Transfer zones in listric normal fault systems[D]. Norman: The University of Oklahoma.

Bullimore S. A, William H. H, 2009. Trajectory analysis of the lower Brent Group (Jurassic), northern North Sea; contrasting depositional patterns during the advance of a major deltaic system[J]. Basin research, 21 (5): 559-572.

Clayton L, 1996. Tectonic depressions along the Hope fault, a transcurrent fault in North Canterbury, New Zealand[J]. New Zealand Journal of Geology and Geophysics, 9 (1-2).

Colombi C E, Parrish J T, 2008. Late Triassic environmental evolution in Southwestern Pangea: plant taphonomy of the ischigualasto Formation[J]. PALAIOS, 23 (11-12).

Connolly P, Parrish J. T, 1999. Prediction of fracture-induced permeability and fluid flow in the crust using experimental stress data[J]. AAPG Bulletin, 83 (5): 757-777.

Corredor F, 2012. Integration of 3D Seismic and Advanced Structural Modeling in the interpretation of segmented extensional fault systems in the Lianos Basin, Colombia [C]. 11th Simposio Bolivariano - Exploracion Petrolera en las Cuencas Subandinas, Bolivariano.

Cowan H A, 1990. Late Quaternary displacements on the Hope Fault at Glynn Wye, North

Canterbury[J]. New Zealand Journal of Geology and Gophysics，33（2）：285-293.

Crowell J E，Garfunkel E L，Somorjai G A，1982. The coadsorption of potassium and CO on the Pt（111）crystal surface：A TDS，HREELS and UPS study[J]. Surface Science Letters，121（2）：303-320.

Deng S，Li H L，Zhang Z P，et al，2019. Structural characterization of intracratonic strike-slip faults in the central Tarim Basin[J]. AAPG Bulletin，103（1）：109-137.

Dooley T P，McClay K，Pascoe R，2003. 3D analogue models of variable displacement extensional faults：applications to the Revfallet Fault system，offshore Mid-Norway[J]. Geological Society London Special Publications，212（1）：151-167.

Faulkner D R，Jackson C A L，Lunn R J，et al，2010. A review of recent developments concerning the structure，mechanics and fluid flow properties of fault zones[J]. Journal of Structural Geology，32（11）：1557-1575.

Feng D L，Ye F，Sinopec，et al，2018. Structure kinematics of a transtensional basin：an example from the Linnan Subsag，Bohai Bay basin，Eastern China[J]. Earth Science Frontiers，9（3）：917-929.

Ferrill D A，Morris A P，McGinnis R N，et al，2017. Mechanical stratigraphy and normal faulting[J]. Journal of Structural Geology，94：275-302.

Flodin E A，Aydin A，2004. Evolution of a strike-slip fault network，Valley of Fire State Park，southern Nevada[J]. Geological Society of America Bulletin，116（1-2）：42-59.

Fodor L I，1995. From transpression to transtension：Oligocene–Miocene structural evolution of the Vienna basin and the East Alpine-Western Carpathian junction[J]. Tectonophysics，242：151-182.

Fodor L I，2015. Segment linkage and the state of stress in transtensional transfer zones：field examples from the Pannonian Basin[J]. Geological Society London Special Publication，290（1）：417-432.

Fossen H，2010. Structural Geology[M]. New York：Cambridge University Press.

Freund R，1965. A model of the structural development of Israel and adjacent areas since Upper Cretaceous times[J]. Geology Magazine 102，102（3）：189-205.

Freund R，1971. The Hope Fault：a strike-slip fault in New Zealand[J]. New Zealand Geological Survey Bulletin，86：1-49.

Freund R，Garfunkel Z，Zak I，et al，1970. The shear along the Dead Sea rift[J]. Philosophical Transactions of the Royal Society of London，267（Series A）：107-130.

Gilder S A，Leloup P H，Courtillot V，et al，1999. Tectonic evolution of the Tancheng-Lujiang（Tan-Lu）fault via Middle Triassic to Early Cenozoic paleomagnetic data[J]. Journal of Geophysical Research. Biogeosciences，104（B7）：15365-15390.

Gogonenkov G N，Timurziev A I，2010. Strike-slip Faults in the West Siberian Basin：implications for Petroleum Exploration and Development[J]. Lithologic Reservoirs，22（F07）：12.

Greg Z，1991. Continental wrench-tectonics and hydrocarbon habitat：tectonique continentale en cisaillement [M]. AAPG Contin. Educ. Course Note Ser. 30.

Guo X，Gao R，Li S，et al，2016. Lithospheric architecture and deformation of NE Tibet：new insights on the interplay of regional tectonic processes[J]. Earth and Planetary Science Letters，449：89-95.

Guo Y，Chen W，Jian M U，et al，2002. Tectonic evolution of the Altun Fault System and its adjacent areas in the Meso-Cenozoic[J]. Geological Review，48（A1）：169-175.

Han X，Deng S，Tang L，et al，2017. Geometry，kinematics and displacement characteristics of strikeslip faults in the northern slope of Tazhong uplift in Tarim Basin：a study based on 3D seismic data[J]. Marine and Petroleum Geology，88：410-427.

Han X，Tang L，Deng S，et al，2020. Spatial characteristics and controlling factors of the strike-slip fault zones in the northern slope of Tazhong Uplift，Tarim Basin：insight from 3D seismic data[J]. Acta Geologica Sinica-English Edition，94（2）：516-529.

Harding T P，1974. Petroleum traps associated with wrench faults[J]. AAPG bulletin，58（7）：1290-1304.

Hatem A，Madden E H，Cooke M L，2013. Analog Modeling of Restraining Bends：a Study of Strike-Slip Fault Evolution [C]. AGU Fall Meeting.

Hauksson E，Nicholson C，Shaw J H，et al，2013. Refined views of strike-slip fault zones，seismicity，and state of stress associated with the Pacific-North America Plate Boundary in Southern California [C]. AGU Fall Meeting.

Hill M L，Dibblee T W，1953. San Andreas，Garlock，and Big Pine faults，California：a study of the character，history，and tectonic significance of their displacements[J]. GSA Bulletin，64（4）：443-458.

Hornung T，2007. Multistratigraphy of the Draxllehen quarry near Berchtesgaden（Tuvalian-Lacian 2）：Implication for halstatt limestone sedimentation and palaeoclimate in the aftermath of the“Carnian Crisis”[J]. Austrian Journal of Earth Science，100：82-89.

Hornung T，Brandner R，2005. Biostratigraphy of the Reingraben Turnover（Hallstatt Facies Belt）：Local black shale events controlled by the regional tectonics，climatic change and plate tectonics[J]. Facies，51（1）：475-494.

James G O，2015. The mysterious Mid-Carnian “wet intermezzo” Global Event[J]. Journal of Earth Science，26（02）：181-191.

Jonn C，Crowell，1974. Sedimentation along the San Andreas fault，California[J]. Sedimentation along the San Andreas fault，19（01）：292-303.

Ken M C，Massimo B，2001. Analog models of restraining stepovers in strike-slip fault systems[J]. AAPG Bulletin，85（2）：233-260.

Lagabrielle Y，Asti R，Duretz T，et al，2020. A review of cretaceous smooth-slopes extensional basins along the Iberia-Eurasia plate boundary：how pre-rift salt controls the modes of continental rifting and mantle exhumation[J]. Earth-Science Reviews，201：1-25.

Langenheim V E，2008. Basin geometry，fault offsets，and influence of pre-existing structure in the northern Colorado River Extensional Corridor and the Lake Mead REGION，Nevada and Arizona[J]. Structural Geology，40（6）：312.

Li S，Guo L，Xu L，et al.，2015. Coupling and transition of Meso-Cenozoic intracontinental deformation between the Taihang and Qinling Mountains[J]. Journal of Asian Earth Sciences，114（1）：188-202.

Li W，Dong Y，Guo A，et al.，2013. Chronology and tectonic significance of Cenozoic faults in the Liupanshan Arcuate Tectonic Belt at the northeastern margin of the Qinghai-Tibet Plateau[J]. Journal of Asian Earth Sciences，73：103-113.

Li X，Zhao Y，Liu B，et al，2010. Structural deformation and fault activity of the Tan-Lu Fault zone in the Bohai Sea since the late Pleistocene[J]. Chinese Science Bulletin，55（18）：1908-1916.

Mandl G，2007. Mechanics of Tectonic Faulting [M]. New York：Elsevier：407.

Mann P，2007. Global catalogue，classification and tectonic origins of restraining-and releasing bends on active and ancient strike-slip fault systems.[J]. Geological Society of London，Special Publications，290（1）：13-142.

Martin E S，2016. The distribution and characterization of strike-slip faults on Enceladus[J]. Geophysical Research Letters，43（6）：2456-2464.

McClay K，Dooley T，Whitehouse P，et al，2005. 4D analogue models of extensional fault systems in asymmetric rifts：3D visualizations and comparisons with natural examples [C]. 6th Petroleum Geology Conference，Geological Society of London，London.

Miall A D，1990. Principles of sedimentary basin analysis [M]. New York：Springer.

Morley C K，Gabdi S，Seusutthiya K，2007. Fault superimposition and linkage resulting from stress changes during rifting：examples from 3D seismic data，Phitsanulok Basin，Thailand[J]. Journal of Structural Geology，29（4）：646-663.

Nemser E S，Cowan D S，2009. Downdip segmentation of strike-slip fault zones in the brittle crust[J]. Geology，37（5）：419-422.

Nestola Y，Storti F，Cavozzi C，et al，2016. Reworking of structural inheritance at strike-slip restraining-bends：templates from sandbox analogue models [C]. Egu General Assembly Conference.

Noda H, Dunham E M, Rice J R, 2009. Earthquake ruptures with thermal weakening and the operation of major faults at low overall stress levels[J]. Journal of Geophysical Research, 114 (B7): 1-27.

Noda H, 2008. Frictional constitutive law at intermediate slip rates accounting for flash heating and thermally activated slip process[J]. Journal of Geophysical Research e Solid Earth, 113 (B09): 1-12.

Noir J, Jacques E, Bekri S, et al, 1997. Fluid flow triggered migration of events in the 1989 Dobi earthquake sequence of Central Afar[J]. Geophysical Research Letters, 24 (18): 2335-2338.

Numelin T, Marone C, Kirby E, 2007. Frictional properties of natural fault gouge from a low-angle normal fault, Panamint Valley, California[J]. Tectonics, 26 (2): 1-14.

Nur A, Ron H, Scotti O, 1986. Fault mechanics and the kinematics of block rotations [J]. Geology, 14 (9): 746-749.

Olson J E, Pollard D D, 1991. The initiation and growth of en échelon veins[J]. Journal of Structural Geology, 13 (5): 595-608.

Pachell M A, 2001. Structural analysis and a kink band model for the formation of the Gemini Fault Zone, an exhumed left-Lateral strike slip fault zone in the Central Sierra Nevada, California[D]. Utah State: Utah State University.

Petrunin A G, Sobolev S V, 2008. Three-dimensional numerical models of the evolution of pull-apart basins[J]. Physics of the Earth and Planetary Interiors, 171 (1): 387-399.

Qiu X, Liu C, Wang F, et al, 2014. Trace and rare earth element geochemistry of the Upper Triassic mudstones in the southern Ordos Basin, Central China[J]. Geological Journal, 50 (4): 319-413.

Resor P G, Pollard D D, 2012. Reverse drag revisited: Why footwall deformation may be the key to inferring listric fault geometry[J]. Journal of Structural Geology, 41: 98-109.

Richard P, Mocquet B, Cobbold P R, 1991. Experiments on simultaneous faulting and folding above a basement wrench fault[J]. Tectonophysics, 188 (1-2): 131-141.

Rigo M, Preto N, Roghi G, et al, 2007. A rise in the carbonate compensation depth of western Tethys in the Carnian (Late Triassic): deep-water evidence for the Carnian Pluvial Event[J]. Palaeogeography, Palaeoclimatology, Palaeoecology, 246 (2): 188-205.

Roghi G, Gianolla P, Minarelli L, et al, 2010. Palynological correlation of Carnian humid pulses throughout western Tethys[J]. Palaeogeography, Palaeoclimatology, Palaeoecology, 290 (1): 89-106.

Schlager W, Schöllnberger W, 1974. Das Prinzip stratigraphischer Wenden in der Schichtfolge der Nördlichen Kalkalpen[J]. Mitteilungen der Geologischen Gesellschaft in Wien, 66-67: 165-193.

Schmid S，2014. Alps，Carpathians and Dinarides-Hellenides：about plates，micro-plates and delaminated crustal blocks：Egu General Assembly Conference[C].

Segall P，Pollard D D，1980. Mechanics of discontinuous faults[J]. Journal of Geophysical Research，85（B8）：4337-4350.

Sharp I R，Gawthorpe R L，Underhill J R，et al，2000. Fault-propagation folding in extensional settings：Examples of structural style and synrift sedimentary response from the Suez rift，Sinai，Egypt[J]. GSA Bulletin，122（12）：1877-1899.

Shipton Z K，Cowie P A，2003. A conceptual model for the origin of fault damage zone structures in high-porosity sandstone[J]. Journal of Structural Geology，25（8）：1343-1345.

Shipton Z K，Evans J P，Robeson K R，et al，2002. Structural heterogeneity and permeability in faulted eolian sandstone：implications for subsurface modeling of faults[J]. AAPG Bulletin，86（5）：863-883.

Shipton Z K，Evans J P，Thompson L B，2005. The geometry and thickness of deformation band fault core，and its influence on sealing characteristics of deformation band fault zones[J]. AAPG Bulletin，85：181-185.

Shipton Z K，Soden A M，Kirkpatrick J D，et al，2006. How thick is a fault? Fault displacement-thickness scaling revisited[J]. Earthquakes：Radiated Energy and the Physics of Faulting，170：193-198.

Sibson R H，1990. Conditions for fault-valve behaviour[J]. Geological Society of London，54：15-28.

Simms M J，Ruffell A H，1989. Synchroneity of climatic change and extinctions in the Late Triassic[J]. Geology，17（3）：265-268.

Sims D，Ferrill D A，Stamatakos J A，1999. Role of a ductile décollement in the development of pull-apart basins：experimental results and natural examples [J]. Journal of Structual Geology，21（5）：533-554.

Stead J E，2008. Geological comparison of the South Hopedale and West Orphan Basins，northwest Atlantic Margin[D]. Newfoundland：Memorial University of Newfoundland.

Sturmer D M，2007. Geometry and kinematics of the Olinghouse fault zone：role of left-lateral faulting in the right-lateral Walker Lane，Western Nevada[D]. Reno：University of Nevada.

Sylvester A G，1988. Strike-slip faults[J]. Geological Society of America Bulletin，103（1）：109-137.

Ustaszewski K，2005. Fault reactivation in brittle-viscous wrench systems-dynamically scaledanalogue models andapplication to the Rhine-Bresse transfer zone[J]. Quaternary Science Reviews，24（3-4）：365-380.

Vendeville B C，Ge H X，Jackson M P A，1995. Scale models of salt tectonics during basementinvolved extension[J]. Petroleum Geoscience, 1 (1): 179–183.

Vendeville B C, Jackson P M, 1992. The rise and fall of diapirs during thin-skinned extension[J]. Marine and Petroleum Geology, 9 (4): 331–354.

Wu S, Yu Z, Zhang R, et al, 2005. Mesozoic Cenozoic tectonic evolution of the Zhuanghai area, Bohai Bay Basin, East China: the application of balanced cross-sections[J]. Journal of Geophysics & Engineering, 2 (2): 156–168.

Whitley R J, Boucher C A, Lina B, et al., 2003. Erratum: Polygonal fault systems on the Mid-Norwegian margin: a long-term source for fluid flow[J]. Geological Society of London , Special Publications, 216 (9): 1197–1205.

Wilcox R E, Harding T P, Seely D R, 1973. Basic wrench tectonics[J]. AAPG Bulletin, 57 (1): 74–96.

Woodcock N H, 1986. The role of strike-slip fault systems at plate boundaries [J]. Philosophical Transactions of the Royal Society A, 1539 (317): 13–29.

Wu G H, Cheng L F, Liu Y K, et al, 2011. Strike-slip fault system of the Cambrian-Ordovician and its oil-controlling effect in Tarim Basin[J]. Xinjiang Petroleum Geology, 32 (3): 239–243.

Wu G H, Ma B S, Han J F, et al, 2021. Origin and growth mechanisms of strike-slip faults in the central Tarim cratonic basin, NW China[J]. Petroleum Exploration and Development, 48 (3): 595–607.

Wu J, McClay K R, Whitehouse P, et al, 2009. 4D analogue modelling of transtensional pull-apart basins[J]. Marine and Petroleum Geology, 26 (8): 1608–1623.

Xie N, Jiang Y, Zhu G H, et al, 2010. Evolution of the Sagaing strike-slip fault and its control of Shwebo Basin Structural Evolution, Myanmar[J]. Geoscience, 24 (2): 268–272.

Yu Y, Wang X, Wang R, 2013. Seismic reflection imaging of a paleo-strike-slip zone: Permain-Jurassic structures and implications for the evolution of the NW Junggar Basin, NW China [C]. AGU Fall Meeting.

Yu Z H, Gui Y, Fu J, et al, 2015. An experimental study of the rebound deformation characteristics and mechanism of peaty soil under unloading[J]. Hydrogeology & Engineering Geology, 42 (5): 107–114.

Zhang Y Q, Ma Y S, Yang N, et al, 2005. Late Cenozoic left-slip faulting process of the East Kunlun-Qinling Fault System in West Qinling Region and its eastward propagation[J]. Acta Geoscientica Sinica, 26 (1): 1–8.

Zhang Z L, Zhu Q Y, Chen J M, et al, 2010. Influence of blocked bifurcations along Qiqu Archipelago on erosion and sedimentation of sea bed at Yangshan Deepwater Harbor[J]. Journal of Yangtze River Scientific Research Institute, 27 (12): 5–11.

Zheng D W, Zhang P Z, Wan J L, et al, 2016. Rapid exhumation at ~ 8 Ma on the Liupan

Shan thrust fault from apatite fission-track thermochronology: implications for growth of the northeastern Tibetan Plateau margin[J]. Earth and Planetary Science Letters, 248: 198-208.

Zhou Q, Yan J G, Huang L L, et al, 2015. Seismic and geologic comprehensive identification of strike-slip fault and fracture zone: Manan region in northwestern margin of Junggar Basin for instance[J]. Computing Techniques for Geophysical and Geochemical Exploration, 37 (2): 249-257.